초연결 · 융합시대의 수학 시리즈

I 멀고도 가까운 수학

수학, 너는 누구니?

조용승 · 김수남 지음

KYOWOO

멀고도 가까운 수학

I. 수학, 너는 누구니?

초판 발행 2021년 12월 1일
초판 2쇄 발행 2023년 8월 30일

지은이 조용승 · 김수남
펴낸이 오판근
펴낸곳 (주) 교우
주 소 서울시 동대문구 약령시로 8 교우빌딩 2층 (주)교우
전 화 02-925-2861 / **팩 스** 02-925-2860, **편집부** 02-925-2825
홈페이지&북스토어 www.kyowoo.co.kr / 이메일 kyowoo@kyowoo.co.kr

등 록 1994년 3월 24일 제1994-000013호
ISBN 979-11-251-0341-7 (04410) / 979-11-251-0340-0 (세트)

Published by Kyowoo Co., Ltd. Printed in Korea

(주) 교우는 보다 혁신적이고 참신한 도서를 다양하게 기획하고 있습니다.
책으로 펴내고자 하는 아이디어나 원고는 메일로 보내주세요.
(주) 교우는 전과정을 책임지고 최선을 다하겠습니다.

값 18,000원

교우미디어는 (주) 교우의 Imprint 사입니다.
수학정원 · 과학정원은 (주) 교우의 새로운 브랜드명입니다.

잘못된 책은 구입하신 서점에서 교환해 드립니다.

머리말

초연결 · 융합시대의 수학 시리즈 **'멀고도 가까운 수학'**은 신문잡지에 기고한 글과 과학영재아카데미에서 지도교수로 활동하면서 영감을 받아 특별강연과 수리정보반 학생들에게 들려준 내용의 일부를 기초로 하였으며, 필자가 50년 가까이 수학을 가르치면서 〈창의 · 융합형 인재〉 양성을 염두에 두고서 초 · 중 · 고 학생들에게 하고 싶은 이야기를 토대로 하여 엮어진 책입니다. 일반인 중에도 수학에 관심이 있으신 분들이나 현실 수학을 좀 더 알고 싶으신 분들에게는 도움이 될 내용들입니다.

수학을 한마디로 표현하자면 **수학이란 인문 · 사회 · 자연 현상에 숨겨진 내부의 법칙과 질서, 패턴과 구조를 찾는 학문이라고 말할 수 있을 것입니다.** 필자는 일평생 수학을 즐겁게 연구하며 살고 있습니다. 수학은 정직하며 논리 정연해서 저를 기쁘게 합니다. 대학 강단에서 때로는 대중 강연에서 '수학이 어렵다'라는 말을 들을 때마다 '여러분은 수학적으로 잘 생활하고 계십니다.' 라고 말합니다. 아마 속으로는 '수학의 수(數)자만 들어도 골치 아픈데 무슨 말씀이실까?' 라고 일반적으로 생각하실 것입니다. 우리의 하루하루를 면밀히 들여다보면, 깨어나서부터 잠들 때까지 할 일에 대해 논리적으로 따진 후에 우선순위를 정하여 행동에 옮기고, 늘 순간순간의 생각과 행동은 최적화된 결과를 바라면서 움직입니다. 다만 그런 논리적이고 최적화된 결과를 도출하는 과정들이 수학적으로 생각하는 것임을 느끼지 못할 뿐입니다. 수학의 적극적 대중화가 우리 모두의 삶을 성공적으로 이끌어 가고, 우리나라 국민소득을 높이고 국가 경쟁력을 향상시키며, 우리들의 지적(知的) 재무장을 강화시키는데 기여하리라 의심치 않습니다. 왜냐하면 수학적인 삶은 가장 자연적이고 효율적이며 논리적이기 때문입니다. '4차산업혁명은 수학혁명이다'라고 까지 말하는 이 초연결 · 융합의 시대에 개개인의 수학적 재무장은 자신을 발전시키고, 무한경쟁 사회에서 우리 자신뿐만 아니라 우리나라를 강하고 경쟁력 있는 선진국으로 반드시 올려놓을 것입니다.

2012년도에 **'자연과 문명 속의 수학'**을 이화여자대학교 출판사를 통해서 출간하였는데 그 책에서는 인류 문명과 문화에 녹아 숨 쉬고 있으며, 우리가 살아가는데 꼭 필요한 소양과 지혜로 인식되는 수학의 여러 방면에 대해서 요모조모 살폈습니다.

'자연과 문명 속의 수학'이 출간된 후 10년도 채 안된 시간에 세상은 참으로 많이 변했습니다. 그래서 본 시리즈는 업데이트 차원으로 4차산업혁명의 혁신적인 시대를 기저에 두고서 수학이라는 키워드에 초점을 맞춰서 어떻게 수학이 우리의 삶과 연결되고, 문명을 첨단화시키는데 이용되며, 날마다의 우리 생활에 작용하는지에 대해 이야기하고자 합니다. 수학의 역사는 인간의 역사와 거의 궤를 같이 하는 기나긴 역사와 함께 차곡차곡 쌓이면서 발전한 학문이고, 인간을 둘러싼 자연과 문명뿐만 아니라 날마다의 생활 속에 보이게 때로는 보이지 않게 늘 상존해 있었기 때문에 둘러볼 내용도 많습니다.

멀고도 가까운 수학은 두 권의 시리즈 I, II로 구성하였습니다.

시리즈 I. 〈수학, 너는 누구니?〉는 멀게만 느껴지는 수학의 세계와 수학적 아이디어, 그리고 수학을 통해 이루어진 위대한 역사적 성과에 초점을 맞추었습니다. 내용은 수학의 역사, 수학이 어떻게 정치, 국방, 경제 및 사회 분야를 과거와 미래로 연결 지으며 우리 삶 깊숙이 녹아있는지 등 수학과 우리 삶의 직접적인 연관성에 대해서 살펴봅니다.

시리즈 II. 〈수학, 우리 같이 놀자!〉는 4차산업혁명시대의 우리들 생활과 산업공학 및 다양한 과학적 진보 및 보건 의료 등 우리 삶과 밀접하게 펀더멘탈을 구성하고 있는 수학의 파워와 응용에 대해 살펴봅니다. 애니메이션 영화, 컴퓨팅, 빅데이터, 통신, 쇼셜미디어, 드론, 로봇, 비행기와 선박, 첨단의료, 첨단무기, 스포츠 분야 등 수학과 융합하여 진보를 이룩한 첨단분야는 무궁무진합니다. 국가안보, 금융과 보험, 암호, 여론조사 등은 국가경쟁력과 수학은 비례한다는 주장에 초점을 맞춘 내용입니다.

현실적으로 수학은 멀고도 가깝게 우리의 삶에 깊숙이 연결되고 융합되어 우리를 발전하게 합니다. 이제 여유를 갖고서 시험이라는 굴레에서 벗어나서 수학을 좀 더 알고 싶고, 수학을 가능하면 더 활용하고 싶고, 성공적인 삶을 살아가고 싶고, 더 나아가서는 수학을 정복하고 싶은 우리 독자들의 속마음에 이번 수학 시리즈가 즐거움과 유익함을 함께 드릴 수 있기를 소망합니다.

공동저자 김수남 교수는 이린이 청소년 대상 독서지도의 이론과 실제에 관심이 많은 전문가로서, 4차산업혁명이 눈사태와 지진해일처럼 밀려오는 시대에 모든 시스템이 바뀌고 사람의 사고방식도 급격히 바뀌는 세상을 앞에 두고서 어떻게 현명하게 미래를 대비하는 독서교육이 이루어져야 하는 지에 첨예한 관심을 가지고 있습니다. 21세기 우리의 국가 비전의 성패가 국민의 창의력 있는 개개인의 능력에 있음에 역점을 두고 중요한 내용을 습득하는 독서가 이뤄져야 한다고 믿습니다. 융합과 초연결의 시대에 문제해결능력을 진정으로 갖춘 고등 지적 능력과 창의력을 갖춘 인재가 산출되는 나라가 경쟁력 있는 핵심국가로 거듭날 것이라고 믿으며 본 저서 출판에 동참하였습니다.

본 시리즈의 출판을 제의하시고 수학이 무엇인지 어떻게 우리 삶과 밀접한 관련이 있는 지를 묶어 출판할 수 있는 귀한 기회를 주신 ㈜교우 오판근 사장님과 그의 출판 팀원께 다시 한번 진심으로 감사를 드립니다.

저자 조용승 · 김수남 드림

차례

멀고도 가까운 수학

I. 수학, 너는 누구니?

차례

멀고도 가까운 수학
II. 수학, 우리 같이 놀자!

멀고도 가까운 수학

I. 수학, 너는 누구니?

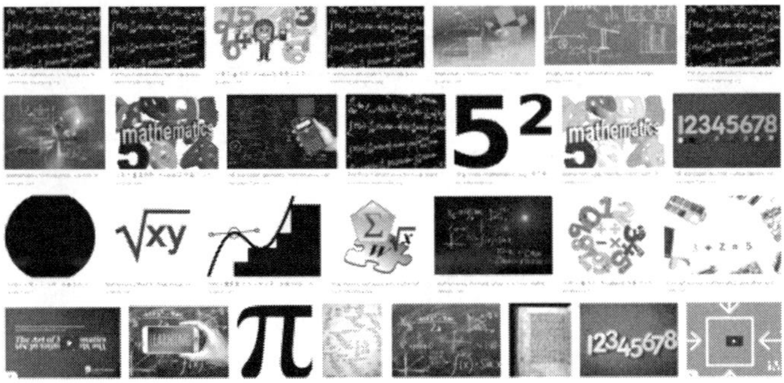

구글에서 '수학'키워드로 본 수학의 이미지들입니다. 어려운 수식과 숫자가 대부분입니다. 수학, 절대로 쉬워 보이지 않는 분야임은 확실해 보입니다. 멀게 느껴지는 존재지만 늘 가까이에 있으며 수학은 우리들의 날마다의 생활에 녹아있습니다.

수학, 너는 누구니?

Chapter 01

우리는 수학적으로 사는가?

1.1. 생활 속의 수학

'수학' 하면 먼저 떠오르는 것은 초중고등학교 때의 어려웠던 수학 문제들일 것입니다. 학교 성적 높이려고 풀어야 했던 수학 문제들을 생각하면, '수학과 친구되기' 그 시작에서부터 실망에 빠지기 쉽습니다. **수학**(mathematics)이란 본래 논리, 패턴, 구조와 질서에 관한 학문입니다. 우리 대부분은 초중고등학교 때 수학의 심오한 내용이나 목적과 다르게, 정해진 시간 안에 많은 문제를 정확하게 풀어야 한다는 작은 영역에 갇혀서 수학적 구조와 패턴에 대해서 철학적으로 접근할 기회를 갖지 못했습니다.

수학은 공식을 암기하여 문제를 풀어 사람의 지적 능력을 평가하는 수단으로서의 학과목은 분명히 아닙니다. 수학은 여러분이 생각하는 것 보다 훨씬 깊숙히 우리의 일상생활에 들어와 있음을 파악하게 된다면 우리의 수학에 대한 이해는 한층 더 깊어질 것입니다.

올해도 어김없이 11월 셋째 주에 50만 명 정도의 대학입시준비생이 대학수학능력시험(수능시험)을 2교시에 치를 예정입니다. 수학! 포기하지 맙시다.

예를 들자면, 우리의 용돈이나 재산을 관리하고, 구입할 물건을 결정해서 사고, 컴퓨터 활용능력을 향상시키는데 있어 수학적 컨셉을 적용시킬 수 있는 방법을 터득하게 된다면, 우리는 월등하게 훌륭한 일처리와 몇 단계 높아진 삶을 누릴 수 있을 것입니다. 또한 축구공에 깃들인 기하학을 알고, 자전거의 기어에 사용되는 수학을 파악할 수 있으며,확률에 대한 지식을 가지고 카지노에 간다면, 순간순간의 실생활에서 더 나은 결과를 가져올 것입니다. 그뿐만 아니라, 좀 더 다른 분야에서 의문을 가졌던 자동차 헤드라이트 빛은 왜 그리 밝은지, 교차로의 신호체계는 어떻게 만들어지는지, 디지털시대의 필수인 암호체계는 안전한가 등 실생활에 적용되어 있는 수학의 원리를 알고 이해하게 된다면 여러분의 삶은 더욱 풍성하고 다채롭게 깊어질 것입니다.

글로 써진 수학의 가장 오래된 증거는 메소포타미아에서 가장 초기 문명을 건설한 고대 수메르(Sumer)인으로 거슬러 올라갑니다. 고대 메소포타미아의 수메르인들은 기원전 3000년부터 복잡한 계측시스템을 개발했고, 기원전 2600년부터 수메르 인들은 점토판에 곱셈표를 작성하고 기하학적 운동과 나눗셈 문제를 다루었습니다. 바빌로니아 숫자의 가장 초기 흔적도 이 시기로 거슬러 올라갑니다. 위 사진은 유클리드 기하학과 유사한 수학적, 기하 대수적 점토판으로 이라크 텔 하말에서 출토된, 기원전 2003-1595년경 물품으로 추산되며 이라크 박물관 소장입니다(위키피디아 참조).

수학은 **유니버설**(universal, 범우주적, 범세계적)해서 전 세계적으로 공통으로 통합니다. 그 이유는 첫째로 자연을 정확히 기술하는 자연의 언어가 수학이기 때문이고, 둘째는 수학적 언어는 수이기 때문입니다.

수학이란 무엇인가? 정의가 쉽지 않지만 **수학(數學, mathematics)이란 크기, 구조, 공간, 변화, 집합, 함수, 미적분 등의 개념을 추상화하여 가능한 일반화 시키고 논리적인 유추에 도달하려고 연구하는 학문**입니다. 수학은 물리학을 비롯한 다른 학문들과 깊은 연관을 맺고 있지만 어느 과학의 분야들과는 달리, 자연계에서 관측되지 않는 개념들까지 이론을 일반화 및 추상화시킬 수 있습니다. 수학자들은 그러한 개념들에 대해서 추측을 하고, 적절하게 선택된 정의와 공리로부터의 엄밀한 연역을 통해서 추측들의 진위를 파악합니다. 수학(mathematics)는 **'배우는 모든 것'**이라는 뜻의 고대 그리스어 mathematikos에서 유래되었으며 줄여서 math라고도 합니다. 그리스 어원에서 말하듯이 '수학은 배우는 모든 것에 내재한다' 라고 말할 수 있습니다.

인간은 매일 또는 하루에도 몇 순간씩 무엇인가를 선택해야 하고 결정하면서 살아갑니다. 누구나 나름대로 지식을 총동원하여 논리적인 두뇌 활동을 거쳐 현 상황에서 가장 합리적이라고 생각한 무엇을 선택합니다. 수학이 최적화의 삶에 도움을 주며, 이러한 삶의 태도를 "수학적으로 산다"고 말할 수 있습니다. 그렇다면 사회 현상 속에서 논리적으로 생각하고 선택하는 행동 자체를 수학을 한다고 말 할 수 있습니다.여러분 모두는 하루하루를 "수학적으로 잘 살고 있습니까?"

수학이란 멀리 동떨어진 학문이 아니라 자연현상 속에 녹아 있고, 사회현상 속에 스며 있는 산소와 같은 우주 질서이고 자연법칙의 뼈대(골격)입니다. 단지 우리가 이러한 행동들이 수학적 활동이라는 것을 인식하지 못하고 살아갈 뿐입니다.

생태계의 고등동물로 갈수록 수학을 잘 이해하고 이용한다고 할 수 있습니다. 과일을 개수로 팔 때는 큰 것을 사는 것이 유리하며, 가장 많은 개수의 사과를 담는 방법을 찾는 방법, 지름길을 찾는 것 등에도 수학이 들어 있습니다. 하물며 경제원리와 현상, 정치이론과 현실은 말할 것도 없고 첨단 전자통신 장비, 첨단 전자무기의 개발, 또는 게놈지도의 확립 등 현대사회가 지향하는 최첨단분야에서의 수학의 응용은 열거하기 힘들 정도로 많습니다.

1.2. 문명(Civilization) 속의 수학

인류는 탄생부터 수학을 문명발전의 길이며 도구로 사용했습니다. 오늘날과 같은 무한 경쟁사회에서 우리나라가 선진국이 되기 위해서는 많은 분야에서의 정책 결정이 수학적인 사고와 분석을 거쳐 이뤄져야 합니다.

"기하학을 모르는 자는 이 문 안으로 들어서지 마라"

BC 4–5세기 **플라톤**(Plato, 기원전 424-348)의 고등교육기관인 아카데미아 정문에 걸린 현판으로 수학자들의 자긍심을 높여주는 일화로 자주 인용됩니다. **로고스**(logos) 즉 '논리적 지성에 부합함'을 중시한 그리스 귀족들은 기하학이 우주의 질서와 논리를 제대로 설명해주는 참다운 학문이라고 믿었고 논리와 진리에 가장 충실하기에 이데아의 그림자에 갇혀 사는 현세계인이 본질의 세계인 이데아의 실현에 가장 도움을 주는 학문이라고 믿어서 중시하였습니다.

궁금한 문제를 깊이 생각하여 해결하려는 과정이 '논리적인 추론'이며, 많은 과학의 분야는 논리적 추론을 기본으로 하는 수학적 탐구에서부터 뻗어 나가 독립했다고 볼 수 있습니다. 세상 도처에 수학이 있고 자신도 느끼지 못하는 사이에 우리는 최적화, 최상화, 최단순화의 상태를 유지하려는 고도의 수학적 활동을 늘 하고 있습니다.

클로드 섀넌(Claude Elwood Shannon 1916-2001), "**정보 이론의 아버지**"로 알려진 미국의 수학자, 전기 엔지니어 및 암호 학자였습니다. 1948년 출판한 "통신의 수학적 이론(A Mathematical Theory of Communication)이라는 획기적인 논문으로 정보 이론을 설립한 것으로 유명합니다. "비트"라는 개념을 도입하고 정보화 시대의 토대를 마련했으며 그의 아이디어는 커뮤니케이션, 언어학, 유전학, 컴퓨팅, 암호학, 신경 과학, 인공 지능, 우주론과 같은 다양한 분야에 파급됩니다. 그는 또한 1937년에 MIT(Massachusetts Institute of Technology)의 21세 석사학위 학생으로서 디지털 회로 설계 이론을 창립한 것으로 유명합니다. 그는 부울 대수의 전기적 응용이 어떤 것을 구성할 수 있는지를 보여주는 논문을 썼고, 코드 브레이킹 및 보안 통신에 대한 기본 작업을 포함하여 제2차 세계대전 중 국방을 위한 암호분석 분야에도 기여했습니다.

현대 정보 · 디지털 사회의 토대는 수학자들이 닦아 놓았습니다. 미국 벨연구소의 연구원이었던 수학자 **클로드 섀넌**은 1948년 '통신의 수학적 이론'이라는 논문에서 '비트(bit)' 개념을 처음으로 제시해 **'디지털의 아버지**'가 됐습니다. 컴퓨터 과학은 영화 '이미테이션 게임'의 실존 인물로 인공지능(AI) 개념의 효시가 된 **앨런 튜링**과 그의 스승 **폰 노이만** 등 두 천재 수학자가 길을 열어 놨습니다. 세르게이 브린

구글 공동창업자, 빌 게이츠 마이크로소프트(MS) 창업자, 스티브 발머 전 MS 최고경영자(CEO) 등도 모두 수학도 였으며, 수학적으로 기업을 발전시켰습니다.

수학은 현상 속에 숨겨진 패턴을 찾아서 이를 공식이라는 고도로 함축적인 언어로 표현하는 학문입니다. 반복적이지만 감춰진 패턴을 발견하는데 상상력과 창의력이, 이를 수학적 언어로 전달하는 과정에서 논리적 사고체계가 길러집니다. **인공지능, 자율주행자동차, 빅데이터** 등 **4차 산업혁명** 키워드들의 근간에도 수학적 원리가 자리 잡고 있습니다.

1.3. 첨단과학 속의 수학

경제협력개발기구(Organization for Economic Cooperation and Development, 이하 OECD)가 2019년 12월에 발표한 2018년도 국제학업성취도 평가(Programme for International Student Assessment 이하 PISA) 결과를 보면 37개 OECD 회원국 중 한국의 순위는 수학 1~4위/과학 3~5위/읽기 2~7위로 상위권에 속합니다. PISA는 만 15세 학생의 읽기, 수학, 과학의 성취도와 추이를 3년 주기로 국제적으로 비교하는 국제비교연구입니다. 2019년 7월 영국 바스(Bath)에서 열린 제60회 **국제수학올림피아드**(International Mathematical Olympiad, IMO)에서 한국대표단 6명은 전원 금메달을 획득하며 공동 1위인 미국과 중국에 이어 종합 3위에 올랐습니다. 한국 학생들이 대단한 수준의 수학 실력을 갖고 있습니다. 그러나 국제 수학올림피아드 입상자들이 대부분 의대로 진학하는 게 우리의 현실입니다. 대학에서 수학을 공부하자니 앞길이 순탄해 보이지 않기 때문이겠지요. 미국에서는 2014년 수학자가 최고의 직업 1위에 뽑혔고, 그 뒤에도 수학 관련 직업이 톱5에 들고 있습니다. 여기에는 **브레이크스루상**(Breakthrough Prize)과 같은 사회적 이벤트도 한몫하고 있습니다. 마크 저커버그 부부, 세르게이 브린 등이 거액을 출연해 만든 '실리콘밸리 노벨상'으로 불리는 브레이크스루상은 노벨상보다 세 배나 많은 300만 달러씩의 상금이 주어집니다. 생명과학, 물리학과 함께 노벨상에는 없는 수학상인 셈이지요. 중고등학생과 차세대 수학 · 물리학자들을 대상으로 한 이 상은 시상을 포함해 총상금이 2,500만 달러(한화 약 300억)에 이릅니다. 미국 역대 대통령 중 과학기술 교육에 가장 큰 관심을 보인 사람 중 한 명인 오바마 대통령 시절, 미국 교육계의 유행어는 **STEM**(Science, Technology, Engineering and Mathematics)이었지요. 과학, 기술, 공학, 수학 교육의 약자로 국가의 '줄기'를 세운다는 중의적 의미가 있습니다. 4차 산업혁명 시대, 정부 국정 운영의 큰 줄기 중 하나도 기초과학 교육과 투자이어야 한다고 믿습니다. 삼성, SK, 네이버 같은 국내 대표적인 정보통신기술(ICT) 기업들이 '한국판 브레이크스루상'으로 기초과학 붐 조성을 거들어주면 그 효과는 훨씬 커질 것이라 생각합니다.

2020년도 브레이크수루 수학상은 시카고 대학(University of Chicago)의 교수인 **알렉스 에스킨**(Alex Eskin)에게 주어졌으며 magic wand theorem(마술 지팡이 정리)의 증명을 포함하여 아벨 미분의 모듈라이 공간의 역학 및 기하학에 대한 혁신적인 발견으로 수학 혁신상을 수상했습니다. 브레이크스루재단(Breakthrough Prize Foundation)및 창립 후원자인 세르게이 브린(Sergey Brin), 프리실라 챈(Priscilla Chan), 마크 저커버그(Mark Zuckerberg), 마 화텅(Ma Huateng), 유리 밀러와 아내 줄리아 밀러(Yuri 및 Julia Milner), 앤 위치츠카(Anne Wojcicki)는 2020년 브레이크스루 상(Breakthrough Prize)와 2020년 뉴호라이즌 상(New Horizons Prize)의 수상자를 발표하여 총 2,160 만 달러를 수여했습니다. 생명과학, 기초물리학, 수학의 중요한 업적을 인정해서 입니다(시카고대학교 홈페이지 참조).

Chapter 02

수(數)의 체계적 진화

2.1. 수의 확장

수학은 수로부터 시작되는데, 수는 수학의 역사와 함께 확장하고 발전해 왔으며, 더불어 수의 체계는 시간이 흐르면서 더욱 복잡하게 진화하였습니다. 수는 어떻게 발견하였고 이용하게 되었는가에 대해서 알아보겠습니다.

가장 기본이 되는 **자연수**(natural numbers)는 물건의 개수를 세기 위해 만들어진 수입니다. 1, 2, 3, … 이 자연수입니다. 자연수 앞에 +를 붙이면 +1, +2, +3 …인데 양의 정수라 하고 +는 생략할 수 있고 자연수는 양의 정수와 같습니다.

기온을 표시할 때 20도, −4도로 표시합니다. 이때 −1, −2, −3, …을 음의 정수라 하고, 0을 포함하여 양의 정수와 음의 정수를 합하여 **정수**(integers)라 합니다. 정수는 +, −, ×, ÷ 연산을 자유롭게 할 수 있는 수입니다. 나눗셈에서 해답이 정수로 떨어지지 않고 분수인 셈이 있는데, 예를 들어, 사과 한 개를 다섯 사람이 나눠 먹으면 한사람의 몫을 얼마인가? 1/5이라는 비율로 나타냅니다. 즉, $5x=1$을 만족하는 x는 $\frac{1}{5}$입니다. 이처럼 정수가 안되고 분수로 나타낼 수 있는 수를 **유리수**(rational numbers)라 합니다. 단, 분모가 0이 아니어야 하고, 모든 정수는 분모가 1일 수 있으므로 유리수입니다.

유리수에서는 +, −, ×, ÷ 사칙연산이 가능합니다. 다음은 $x^2=2$을 만족하는 유리수는 없습니다. 이를 $x=\sqrt{2}$라 합니다.

$\sqrt{2}$처럼 분수로 나타낼 수 없는 수가 등장하였고, 이를 **무리수**(irrational number)라 하였으며, 이의 개념은 19세기 말 극한과 연속 등 해석학의 여러 개념이 발달하면서 점차 밝혀지게 되는데, 칸토어 · 데데킨트 · 바이어슈트라스 등에 의해 그 기초와 특색이 확고하게 되었습니다.

무리수는 유리수와 합쳐 **실수**(real number)를 형성하게 됩니다. 다음은 $x^2=-1$인 실수 x는 없습니다. 이때, $x=i$라고 나타내며 **허수**(imaginary number)라고 합니다. 실수와 허수를 합해 **복소수**(complex number)라는 수 체계를 형성하게 되었습니다.

• 복소수는 실수와 허수를 결합한 수로서, 복잡한 계산을 단순화하는 역할을 함으로써 여러 과학 분야 발전에 중요한 역할을 담당합니다. 예를 들어 진동이나 파동을 다루는 데 있어 필수적이며, 물리학 · 공학에 복소수를 이용함으로써 과학 발전의 응용 스펙트럼을 넓혀 일상생활에서 다양한 혜택을 누릴 수 있게 합니다.

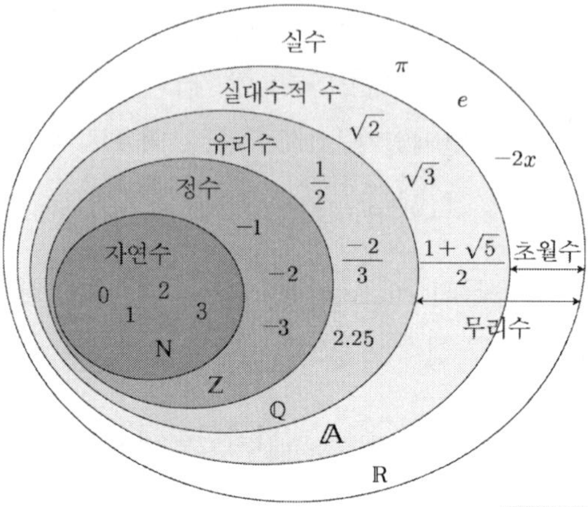

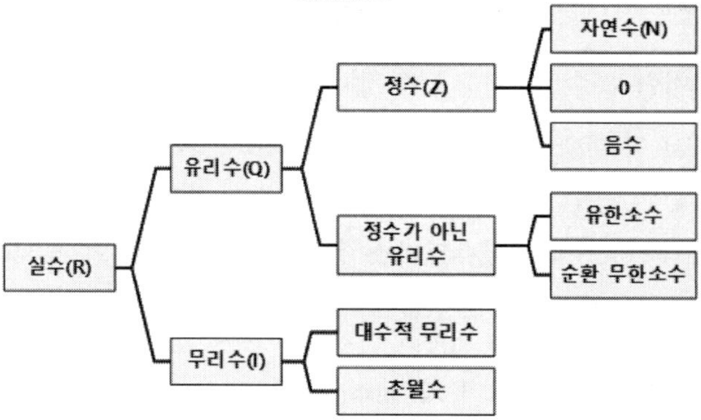

수의 체계를 도면화 하였습니다. 수의 역사는 인류의 역사와 평행하며 확장되었고 다양해졌습니다. 수는 하나의 기호의 체계이기도 합니다.

수의 역사에 있어서 오랜 시간에 거쳐 형성되고 확립된 무리수 · 허수 · 복소수 개념에 이은 또 다른 수 체계가 언젠가는 또 만들어질 것입니다. 또한 이러한 새로운 수의 발견으로 인해서 인류의 과학적 발전은 가속화할 것입니다. 간단히 정리하면 다음과 같습니다.

자연수 → 정수 → 유리수 → 실수 → 복소수

복소수 : 실수, 허수

복소수 : 대수적 수, 초월수

실수 : 유리수, 무리수

유리수 : 정수, 분수

정수 : 양의 정수, 0, 음의 정수

자연수 : 양의 정수

2.2. 10진법

진법은 인류가 문명을 일으킨 곳마다 예외 없이 사용되었던 셈법입니다. 인류에게 10진법이 가장 많이 쓰인 이유는 아마 인간의 손가락이 10개이기 때문일 것이니 손가락셈인 것이지요. **10진법** 미만의 셈을 하였던 사람들은 손가락을 쓰지 않고 셈을 했다고 볼 수 있습니다. I, II, III, IV, V, …는 **로마 숫자**(Roman number)인데 표기법을 보면 막대기를 사용한 것으로 보입니다.

• 오늘날 전세계가 공통으로 사용하는 숫자는 **아라비아 숫자**(Arabic number)입니다. 그러나 12세기 전에는 유럽 국가들이 수학, 철학, 천문학 등 학문이 일찍부터 발전한 로마제국의 로마 숫자를 주로 사용했었습니다. 1202년 수학자이면서 상인이었던 피사의 레오나르도(Leonardo of Pisa)가 '계산서(Liber Abaci)'라는 계산 입문서를 펴내면서 0에서 9까지의 아라비아의 숫자를 사용하도록 권장했는데 광범위한 아라비아숫자 사용의 결정적인 계기가 됐었습니다.

계산서(Liber abaci)는 레오나르도의 9, 8, 7, 6, 5, 4, 3, 2, 1을 소개하는 것으로 유명합니다. 위 이미지의 왼쪽 페이지에서 그것을 볼 수 있습니다. 이 14 세기 원고에서 5를 제외한 모든 숫자는 오늘날 우리가 사용하는 숫자와 거의 동일합니다(미국수학협회 maa.org 참조).

• 고대에는 숫자를 나타내는 뚜렷한 기호나 체계가 없었고, 많고 적음의 구분을 위해서 조약돌이나 막대기를 사용하였습니다. 고대 이집트인들은 기원전 3,300여 년 전부터 현재의 숫자 1에 대한 **상형문자**(pictograph)로 수직인 막대기 I로, 10은 팔꿈치 또는 손잡이로, 100은 밧줄 감은 형상으로, 1,000은 연꽃 모양으로, 10,000은 손가락 모양으로, 1,000,000은 숫자가 너무 커서 사람이 놀라서 팔을 들고 있는 형상으로, 그리고 무한대는 태양으로 나타내었습니다.

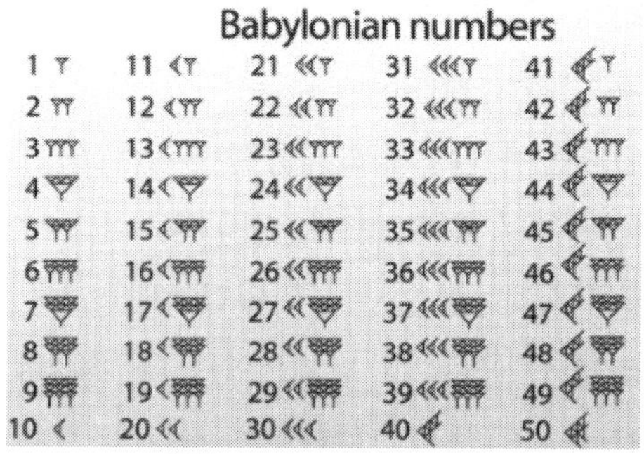

바빌론의 수

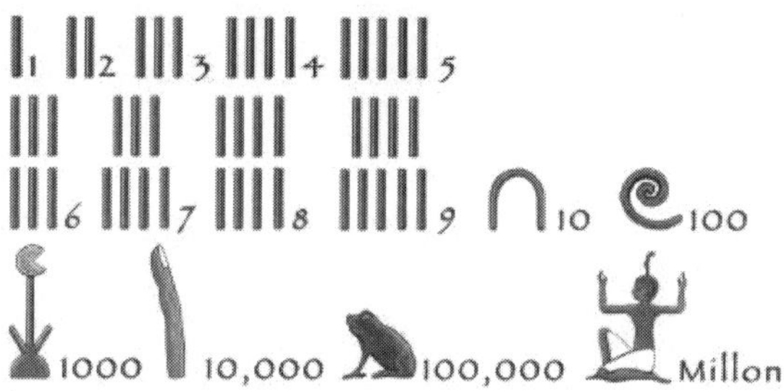

이집트의 수

1	α	alpha	10	ι	iota	100	ρ	rho
2	β	beta	20	κ	kappa	200	σ	sigma
3	γ	gamma	30	λ	lambda	300	τ	tau
4	δ	delta	40	μ	mu	400	υ	upsilon
5	ϵ	epsilon	50	ν	nu	500	ϕ	phi
6	ϛ	vau*	60	ξ	xi	600	χ	chi
7	ζ	zeta	70	o	omicron	700	ψ	psi
8	η	eta	80	π	pi	800	ω	omega
9	θ	theta	90	ϙ	koppa*	900	ϡ	sampi

고대그리스의 수

우리가 현재 사용하고 있는 0, 1, 2, 3, 4, 5, …을 아라비아 숫자라고 하는데, 정작 아라비아인들은 이를 인도 숫자라고 부릅니다. 그 이유는 처음에 인도에서 사용하던 것이 아라비아의 상인들에 의해 널리 세계로 전파된 때문입니다. 아라비아숫자 중에서 0(zero)은 세상에 오랫동안 알려지지 않았는데, 고대 수학자들은 숫자가 없는 자리를 빈 공간으로 남겨 두었으나, 실제로 빈 공간 때문에 많은 어려움을 겪었다고 합니다.

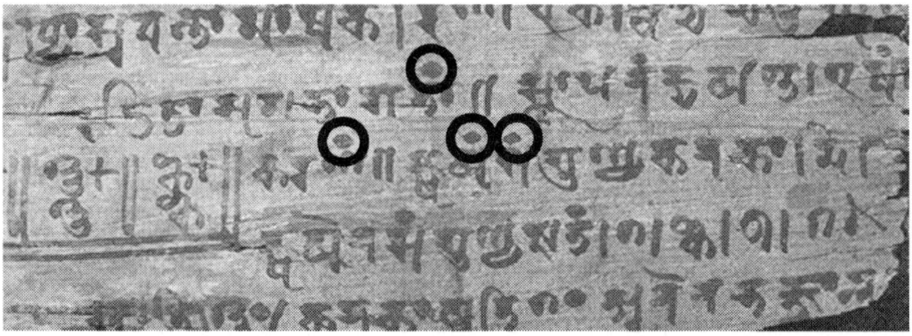

표시된 동그라미 안의 점이 영(0)을 표시합니다. 3세기쯤 인도에서 나무종이 위에 쓴 문서로 2017년 영국 옥스포드대학 도서관 소장품에서 발견하였으며, 현존하는 가장 오래된 수학적 기호 0을 사용한 문서라고 알려져 있습니다. 인도의 바크샬리 문서(Bakhshali manuscript)로 알려진 이 문서는 현재는 파키스탄지역인 바크샬리마을(Bakhshali village)의 한 무덤에서 발굴되었습니다(옥스포드대학교 홈페이지 참조).

• **0의 기원**을 살펴보면 흥미롭습니다. 우리가 물건 등을 셀 때, 물건이 많다 또는 적다라는 말이나, 우리가 외출을 하고자 할 때, 바깥 날씨가 춥다 또는 덥다 라는 말을 많이 쓰게 되는데, 그 많고 적음의 기준이나 춥고 더움의 기준은 실제로는 애매모호할 수밖에 없습니다. 이와 같이 우리의 실생활에서 그 애매모호한 기준점을

찾는데 너무나 많은 시간이 걸렸습니다.

실제로 있던 물건이 없어질 때 빈 공간으로 남겨두기에는 너무나 많은 어려움을 겪을 수밖에 없었을 것이며, 무(無)의 상태로 존재하는 영(零)의 실제적인 형태, 즉 비어 있는 것을 원(○)으로 처음 나타낸 것은 기원전 마야나 인도에서입니다. 인도의 수학자인 아리아바타(Aryabata)가 5세기경에 영을 처음 사용했으나 825년 아라비아의 수학자인 **알콰리즈미**(Alkhwarizmi)가 **'인도의 수(數)'**에 대한 책에서 처음으로 **영**(0)을 소개하면서 세상에 알려지게 되었고 인도의 수라기보다는 아라비아의 수로 알려져 있습니다.

2.3. 대한민국의 수

순수 우리말에도 숫자가 사용되고 있습니다. '온 가지 채소가, 온몸이 욱신거린다, 온 세상을 다 주겠다'라는 말에서 **'온'**은 백(百), 즉 100을 나타내는 말이고, '즈믄둥이'에서 **'즈믄'**은 천(千), 즉 1,000을 나타내는 말입니다. **'드먼'**은 만(萬), 즉 10,000을 나타내는 말로서 두만강이 만 가지의 지류를 가졌다 해서 '드먼강'이 '두만강'으로 바뀌었다고 합니다. '이 몸이 죽고 죽어 골 백 번 죽더라도'라는 말에서 **'골'**은 경(京)을 나타내는 말이고, 한 손의 손가락을 모두 꼽아서 5개를 나타내는 **'닫은 손'**이라는 뜻으로 '다섯'을 뜻하며, 손가락을 모두 열어서 10개를 나타내는 **'열린 손'**이라는 뜻으로 '열'이라고 합니다.

순수 우리말로 된 숫자에는 바늘을 셀 때 쓰는 **쌈**(24개), 조기를 셀 때 쓰는 **두름**(한 두름은 1줄에 10마리씩 2줄), 고등어 등을 셀 때 쓰는 **손**(한 손은 2마리), 오징어 등을 셀 때 쓰는 **축**(1축은 20마리) 등이 있습니다.

수	계림유사	현재 한자음
1	河屯	하둔
2	途孛	도패
3	酒斷酒切	주단주절
4	迺	내
5	打戍	타술
6	逸戍	일술
7	一急	일급
8	逸答	일답
9	鴉好	아호
10	噎	일

수	계림유사	현재 한자음
20	戍沒	술몰
30	實漢	실한
40	麻雨	마우
50	舜	순
60	逸舜	일순
70	一短	일단
80	逸頓	일돈
90	雅馴	아순
100	醞	온
1,000	千	천

우리말의 명수법(수를 세는법)이 1103년(숙종8년) 중국의 사신으로 고려에 온 손목(孫穆)이 당시 우리말 단어를 한자 음이나 뜻을 빌려 적은 약 360어휘록인 계림유사에 채록된 내용입니다(전국과학관 smart.science.go.kr 참조).

• 수에는 **기수**(cardinal nomber)와 **서수**(ordinal nomber)가 있어서 살의 양, 크기 또는 순서를 나타낼 뿐만 아니라 수 그 자체가 많은 뜻을 나타내고 있습니다. 수가 지니고 있는 뜻은 시대에 따라 다르기도 하고, 국가나 종족에 따라 다르기도 합니다. 옛날 사람들은 숫자를 가지고 미래를 점칠 정도로 수의 개성을 존중하기도 하고, 피타고라스는 수마다 여러 가지 의미를 부여하기도 했습니다.

• 0(zero)은 무, 비존재를 나타내고 악마의 수라 불리우기도 하고, 1(one)은 모든 수의 시작을 의미하고 모든 것의 우두머리를 나타내고 최초를 뜻하며 선, 빛, 질서를 상징하고 행복의 수, 축복의 수라고 알려져 있습니다.

• 우리나라에서는 2(two)는 삼라만상의 화합과 조합을 나타내며 지혜의 수라고 하며, 이분법적인 관계로서 음과 양, 일월, 천지, 남녀, 부모, 선악, 흑백 등도 2와 밀접한 관계가 있으며 대립, 반대의 뜻도 있어서 싸움을 의미하기도 합니다. 서양에서는 2가 악, 어둠, 무질서, 불행 등을 나타낸다고 믿었고 1이 신의 숫자였으므로 악마의 수는 그 다음의 수 2이어야 한다고 생각했습니다.

• 3(three)은 안정과 조화의 수로서 우리나라에서 가장 좋아하는 수이기도 하며, 3은 정립이라 하여 삼각대가 만들어지고, 모든 것의 근본을 말하기도 하며 천지인, 3원색, 삼위일체 등 조화의 뜻이 있습니다. 서양에서도 3은 완전무결이라 생각했고, 자연계가 동물, 식물, 광물 세 가지로 이루어져 있고, 인간은 마음, 영혼, 육체 등 세 가지로 합쳐져 있다고 믿었습니다.

Chapter 03

수(數)의 역사적 발달과정

3.1. 수(Number)의 태동

수의 역사는 수많은 독창적인 발명들의 역사입니다. 고대 숫자의 모습은 오늘날 우리가 사용하는 숫자와 다른 모습이었습니다. 오늘날과 같은 방식으로 수를 헤아렸던 것도 아닙니다. 다양하고 수많은 사람들에 의해 서서히 이루어졌고, 사용하기 불편한 수는 저절로 사라졌습니다.

• 그러면 "**수**(number)"는 언제부터 생겼을까요? 정확히 수를 누가 발명했는지는 모르지만 문자가 발명되기 이전부터 부족(部族)의 수를 센다든가, 사냥감의 수를 세기 위하여 수의 필요성을 느꼈을 것이고 이후에 수를 표시할 수 있는 기호 즉 숫자가 발명되었다고 추측합니다. 수는 살아있는 것처럼 계속 변해왔습니다.

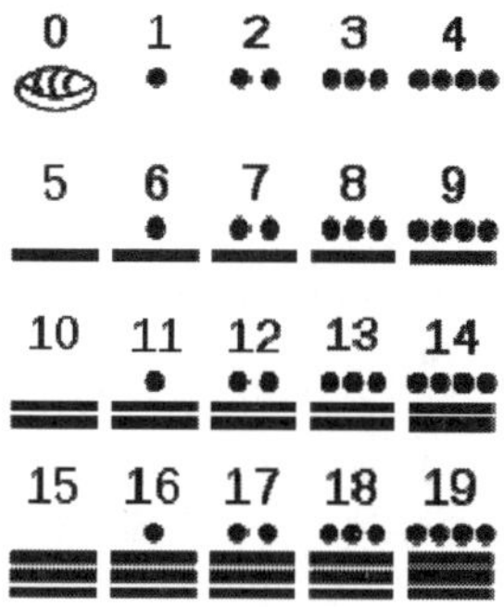

마야인의 숫자. 마야인은 '영'의 개념도 사용한 것으로 알려져 있습니다(위키 참조).

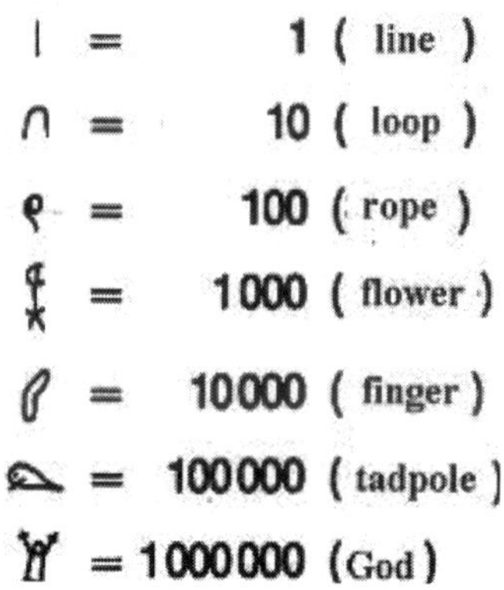

1	= 막대기
10	= 구부러진 뼈
100	= 로프줄 코일
1000	= 연꽃
10,000	= 손가락으로 가르킴
100,000	= 올챙이
1,000,000	= 수많은 사람들

고대 이집트의 숫자(위키 참조).

• 인간정신의 발달사라고 할 수 있는 수학의 역사를 보면 이집트수학, 바빌로니아수학, 그리스수학, 아라비아수학, 중세유럽수학, 인도수학, 중국수학 등이 각각 개별적으로 발달하였듯이 각 지방에서 수의 체계도 각기 개별적으로 발달하였던 것을 알 수 있습니다. 오늘날 쓰는 십진법은 아라비아에서 처음 사용되다가

세계로 전파되었습니다. 수와 관련된 재미있는 이야기를 몇 가지 소개하고자 합니다.

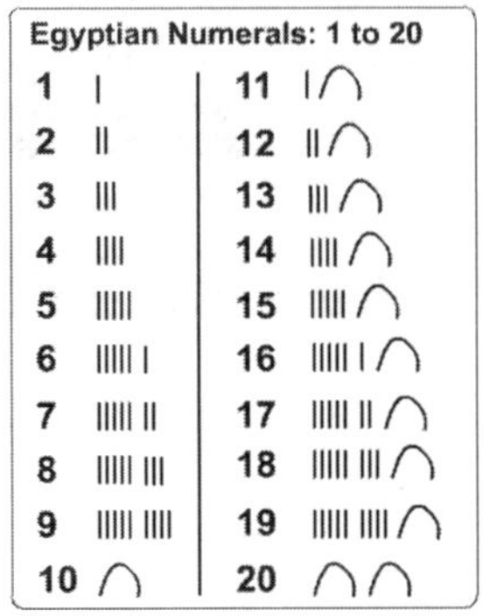

이집트의 손가락으로 세는 수(위키참조)

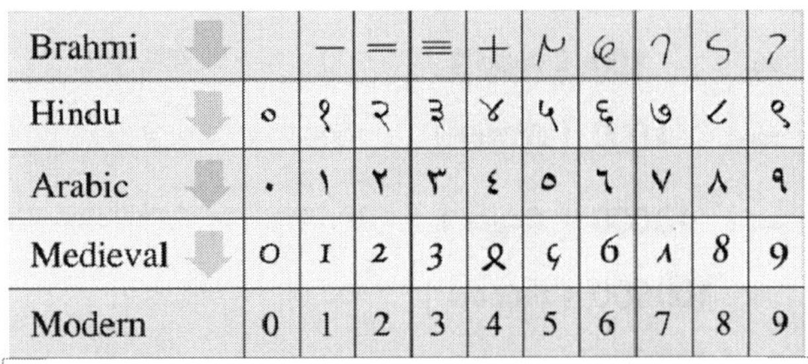

아라비아 숫자의 변천(archimedes-lab.org 참조)

3.2. 0(Zero)의 발견

0(zero)의 발견은 위대한 것입니다. 현대 수학에서 0은 두 가지의 기능을 갖고 있습니다. 첫째로, 99와 909와 같이 수를 구별할 수 있게 해줍니다. 둘째로, 숫자의 위치가 자릿수를 의미하는 이런 표기법에서 0은 "비어 있는 자리"를 나타내고 있습니다. 기원전

바빌로니아인들은 혼동을 피하기 위해 0의 사용을 권장하였고 그리스인들이 이것을 도입하여 지금과 비슷하게 생긴 기호(동그라미)를 정착시킨 것입니다.

브라마굽타(Brahmagupta, 598-668)는 7세기 인도의 위대한 수학자이자 천문학자입니다. 브라마굽타의 천재성은 숫자 0이라는 개념 (당시엔 새로운 개념)을 다루었습니다. 그가 628년에 저술한 브라마굽타의 연구(Brahmasphutasiddhanta)는 바빌로니아 사람들이 한 것처럼 단순히 자리 표시자 숫자가 아니라 0을 그 자체의 숫자로 취급하는 것으로 알려진 최초의 텍스트일 것입니다(storyofmathematics.com 참조).

그러나 0이라는 수에 더욱 깊고 중요한 의미가 담겨 있습니다. 이것은 너무도 심오하여 그로부터 수세기가 지난 뒤에야 인도인들에 의해 발견되었습니다. 힌두의 수학자들은 0이 숫자들을 구별하는 기능만 갖고 있는 것이 아니라, 그 자체가 고유한 수임을 간파한 것입니다. 1과 2가 고유한 수인 것과 마찬가지로, 0 역시 엄연한 수로서 존재한다고 깨달았습니다. 즉 "**아무것도 없음**"을 나타내는 수인 것입니다. 이전까지는 전혀 구체화시킬 수 없었던 무(無)의 개념은 0의 등장과 함께 비로소 실제적인 기호로 표현할 수 있었습니다.

현대를 사는 우리에게 0의 등장은 그다지 혁명적이지 않는 "그저 그런" 사건으로 보일지도 모릅니다. 그러나 0의 발견으로 풀 수 없었던 많은 수학적 난제가 해결되었습니다. 인도 수학자들은 이 문제를 집요하게 파고들어 "**무한대**(infinity)"라는 개념과 연결시켰고 7세기 학자 브라마굽타는 "임의의 수를 0으로 나눈 몫"을 무한대의 수학적 정의로 사용하였습니다.

3.3. 음수(Negative Number)의 발견

기온을 영상(+)과 영하(−)로, 국가나 회사의 재정을 흑자(+)와 적자(−)로 나타내듯 일상생활의 여러 분야에서 양수와 음수는 편리하게 사용되고 있습니다. 자연수와는 달리 인류가 음수를 자연수처럼 자유롭게 사용하기 시작한 것은 16세기경입니다.

음수의 개념은 서양보다는 동양에서 먼저 사용됐는데 인도 사람들은 음수를 '**부채**(타인자본이란 의미)'라고 불렀으며 중국 사람들은 빨간 막대로 음수를 나타냈습니다. 이 때문에 사업에서 손해 본 경우에 '**적자**(赤字)'라는 말이 생겨난 것입니다 .

유럽인들이 **음수**(negative number)를 이해하기 시작한 것은 해석기하학의 창시자인 **데카르트**(1596~1650)가 음수를 직선 위에 표시한 것이 계기가 됐으며, 음수가 자연수와 함께 수의 체계를 이룬 것은 '0' 때문이었습니다. 수직선의 기준점에 0을 표시하고 오른쪽을 양수, 왼쪽을 음수로 표시하면서 기하학적인 체계로 음수를 쉽게 이해할 수 있었고, 이 때문에 양수에서 사용되던 '크다', '작다'라는 개념이 음수에도 적용됐고 '음수가 0보다 작은 수'라는 **대소관계**(order relation)개념도 생겼습니다 .

동양의 **음양**(yin and yang, dark-bright, negative-positive)으로 수를 나누어볼 때 짝수는 음수에, 홀수는 양수에 해당합니다. 또한 음양이 지니는 여러 의미 중에 음은 죽음과, 양은 삶과 연관이 되기 때문에 일상생활에서 양수를 선호하는 경향이 생겼습니다.

사람들은 최초의 양수 1과 최초의 음수 2가 합쳐져 이루어진 음양 합일된 최초의 수 3을 선호하며 그 3이 다시 3번 합쳐진 9를 가장 완벽한 수라고 생각합니다. 음양의 면에서 볼 때 결과적으로 좋은 수가 모두 양수(홀수)인 거에 반해, 음수(짝수)는 제사때 짝수로 절을 하고, 짝수로 춤을 추고, 짝수의 음악을 연주하는 것에서처럼 양수의 대(對)를 의미합니다.

3.4. 완전수(完全數, Perfect Number)

하나님이 6일 동안에 세상을 창조했는데 6일 동안 완전한 우주 만물을 창조하셨다는 뜻입니다. 벌집은 또 연속된 정육각기둥으로 이루어져 있음을 볼 수 있습니다. 공간을 사용하는 가장 효율적인 방법을 벌이 알고 있다는 사실은 놀라운 일입니다. 겨울에 내리는 눈은 정육각형의 아름다운 도형으로 구성돼 있고, 광물들의 결정체도 육각기둥으로 형성된 것이 많습니다. 그리스인들은 6의 약수 1, 2, 3, 6에서 자기 자신의 수 6을 제외한 수 1,2,3의 합 즉, 1+2+3=6이 됨을 알고 있었는데, 이러한 수를 **완전수**(perfect number)라고 불렀습니다.

또 다른 완전수 28의 경우를 봅시다 . 28의 약수는 1, 2, 4, 7, 14, 28인데 자기 자신의 수 28을 제외한 수 1, 2, 4, 7, 14를 더하면 1+2+4+7+14=28이므로 28은 완전수가 됩니다. 다음 완전수 496도 자신을 뺀 다른 약수의 합이 496이 되니 완전수 입니다.결혼을 앞둔 처녀 총각들은 28살이 되는 해에 결혼을 주로 많이 했으며, 28일은 좋은 날이라 하여 각종 행사가 많이 열렸습니다. 예를 들어, $2^{n-1} \times (2^n - 1)$은 완전수입니다. 여기서 n은 소수입니다.

3.5. 남성의 수(3)+여성의 수(2)=결혼(5), 수의 의미

수학이 성년기에 들어선 고대 그리스 시대에 수에 대한 호기심과 신비로움은 극에 달했습니다. **피타고라스 학파**(Pythagoreans)**는** (자연) **수가 만물의 구성 원소**라고 믿었으며, 이에 따라 수 사이의 관계를 터득한 사람은 만물의 현상을 이해하고 지도할 수 있다고 믿었습니다. 그들은 수 하나하나에 이를테면 다음과 같은 의미를 부여했습니다.

1은 모든 수의 생성원으로서 가장 존경 받는 수이며 이성의 수였습니다. 모든 것의 우두머리를 나타내고 최초를 뜻합니다. 또한 행복의 수, 축복의 수라고도 합니다.

2는 최초의 짝수 또는 여성의 수로 의견의 다양성을 나타냈습니다. 삼라만상의 화합과 조화를 나타내며 지혜의 수라고도 합니다. 이분법적인 관계로서 음과 양, 일월, 천지, 남녀, 부모, 선과 악, 흑과 백 등도 2와 밀접한 관계가 있습니다. 즉 2는 대립 또는 반대의 뜻도 있어서 싸움을 의미하기도 합니다.

4는 완성, 완전, 인내를 나타내는 수입니다. 춘하추동, 동서남북, 사상의학(태양, 태음, 소양, 소음) 등 완성을 의미하기도 합니다. 그러나 우리나라에서는 죽을 사(死)와 동음이라 하여 4호실, 4층 등은 사용하는 것을 기피하고 있습니다.

5는 최초의 진정한 남성의 수와 여성의 수의 결합으로 결혼을 의미했습니다. 사람의 손가락의 수와 같으며, 모든 것, 많은 것, 전부를 나타내는 수라고 볼 수 있습니다. 동양에서도 5행, 오륜등 모든 것을 나타내며, 서양에서도 올림픽 5륜 마크, 5성 장군 등 모든 것, 높은 것을 의미합니다. 미국과 유럽에서는 아직도 5각형에 대한 신앙이 남아 있어 **미국 국방성**(일명 펜타곤Pentagon)건물이 5각형인 것도 그런 연유라고 합니다.

또 여성수 2와 남성수 3을 곱한 **6**은 사랑과 결혼의 수입니다. 6을 상징하는 정삼각형과 역정삼각형을 겹쳐 만든 다윗의 별은 사랑, 결혼, 우주를 표현하기도 합니다.

3.6. 시각적 인식(Visual Perception) 수의 한계는 4개

동물은 어디까지 수를 인식할 수 있을까요? 심리학 교수들이 동물을 상대로 실험해 보았습니다. 그 결과 까마귀, 비둘기와 같은 조류는 2와 1, 3과 2, 4와 1, 4와 2, 4와 3 정도까지 구별이 가능하였습니다. 하지만 이는 수를 인식하는 것이 아니고 단지 4와 3이 다르다는 것을 구별해 내는 정도라 합니다. 수를 인식하는 것은 '나무 5그루', '사과 5개', '강아지 5마리'에서 5라는 공통점을 안다는 것이지요. 쥐, 개, 말과 같은 동물은 1에서 3까지, 사람과 많이 닮은 침팬지는 1에서 5까지 정도 수를 인식한다고 알려져 있습니다.

그럼 인간이 인식할 수 있는 수의 한계는 어디까지일까요? 물론 여기서 말하고자 하는 것은 인간이 수를 어디까지 이해할 수 있느냐 하는 질문이 아니고, 인간이 두뇌를 쓰지 않고(세지 않고) 과연 얼마나 수를 보고서 인식할 수 있느냐 하는 질문입니다.

○○

위 그림에서 '동그라미의 수는 몇 개인가요?'라고 묻는다면 누구나 한 눈에 두 개라고 답할 것입니다.

○○○○○○○○○○○

그러나 위 그림에서 '동그라미의 수는 몇 개인가요?'라고 물었을 때 한 눈에 대답하기 쉽지 않습니다. 대부분의 사람은 흘긋 보는 것으로 동그라미 개수를 맞추지 못합니다. 물론 세어 보면 몇 개인지 알 수 있으나 그 '센다'라는 것은 동그라미를 흘긋 보고, 헤아릴 수 있는 몇 개의 조각으로 나누어서 재빨리 그 합을 구하는 것이지요.

그러면 인간의 눈이 **인식**(recognition)할 수 있는 한계는 얼마일까요? 인간은 대체적으로 4개까지는 정확히 인식할 수 있다고 합니다. 4개 이상은 세어 보는 것이 바람직합니다. 그렇기 때문에 자동차의 번호판의 숫자의 개수도 4개이며, **전화번호** 역시 4자리 이상으로 만들지 않습니다. 기억하기 쉽다는 것은 편리하다는 걸 의미합니다.

〈비사업용 승용차 8자리 반사필름식번호판〉

2019년부터 사용하는 우리나라 새 자동차 번호판 샘플

3.7. 숫자 3의 의미

3은 최초의 진정한 남성의 수로서 단일성과 다양성의 합성으로서 조화를 나타냈습니다. 안정과 조화의 수로서 우리나라에서 가장 좋아하는 수 이기도 하며, 3은 정립이라 하여 삼각대가 만들어지고, 모든 것의 근본을 말하기도 하고, 천 · 지 · 인, 3원색, 3요소, 삼위일체 등의 뜻이 있습니다. 한자 문화권에서 셋을 가리키는 3 이라는 글자는 그 획이 각기 하늘과 인간과 땅을 의미하는 일종의 신성한 문자입니다.

그런가 하면 영어로 3(three)은 나무(tree)라는 말에서 파생되어 나왔으며, 나무는 풍요 또는 번영이나 안정의 상징으로 나무의 삼각형 구도는 완벽한 것과 같은 단단한 느낌을 줍니다. 불교에서도 3 이라는 숫자는 많은 것을 의미합니다. 우선 법당에 들어가 보면 부처님은 한 분이 아니라 세 분을 모시고 부처를 쌍으로 또는 넷이나 다섯을 모시는 경우는 없습니다. 그 밖에 불, 법, 승의 3보라는 세 가지 보물, 불교의 세 가지 근본 등이 있습니다. 기독교에서 보면 태어날 때에 동방박사 3명으로부터 3개의 보물과 축원을 받았으며 30세까지 무명으로 살다가 33세에 죽었으나 3일 만에 부활한 예수를 섬기고 있다는 점에서도 3이 신성시되며 하나님을 나타내는 **삼위**

일체(trinitas:성부, 성자, 성령)를 나타내는 예입니다.

도교나 우리의 민간신앙에서도 3은 특별한 의미를 가지고 있습니다. 우리의 건국 신화에는 3신이 등장하는데 그 신은 환인, 환웅, 환검으로 환인은 하늘의 신이고, 환웅은 신과 인간의 중간자이고, 환검은 인간의 조상입니다. 또, 우리 조상들은 아기를 낳을 때 삼신할미라는 신이 관여한다고 믿었고 민간신앙을 통해 전해 내려오는 이 **삼신할미**란 도대체 어떤 존재일까요? 최근 한 학자의 주장에 따르면 아기들이 태어날 때 첫째 신은 뼈를, 둘째 신은 살을, 셋째 신은 영혼을 갖게 해준다는 고대의 기록이 발견되었다고 합니다. 그런가 하면 첫째 신은 아이를 갖게 해 주고, 둘째 신은 아이를 낳게 해 주며, 셋째 신은 아이를 키워주는 신이라는 기록도 있다고 합니다.

우리는 일상생활에서 흔히 쓰는 속담에도 숫자 3이 들어있는 예를 많이 볼 수가 있습니다.

· 삼년 가뭄엔 살아도 석 달 장마에는 못 산다.
· 삼년 구병(병간호)에 효자 없다.
· 서당 개 삼년에 풍월한다.
· 작심삼일.
· 초가삼간.
· 내 돈 서푼은 알고 남의 돈 칠푼은 모른다.
· 부자는 망해도 삼년 먹을 것이 있다.
· 세살 적 버릇 여든까지 간다.

· 세 잎 주고 집 사고 천 냥 주고 이웃 산다.

· 죽어 석잔 술이, 살아 한잔 술만 못하다.

· 중매 잘하면 술 석잔, 못하면 뺨 석대.

이와 같이 숫자 3은 고대로부터 우리의 삶과 밀접하게 관련되어 있음을 알 수 있습니다.

3.8. 재미있는 숫자 피라미드(Pyramid)

수의 발달과정을 살펴보면 수를 가지고 여러 가지 실험을 많이 하여 수가 가진 의미들을 유추하며 수의 발달은 거듭되어 왔습니다.

9×1+2=11

9×12+3=111

9×123+4=1111

9×1234+5=11111

9×12345+6=111111

9×123456+7=1111111

9×1234567+8=11111111

9×12345678+9=111111111

0×9+8=8

9×9+7=88

98×9+6=888

987×9+5=8888

$9876 \times 9+4=88888$

$98765 \times 9+3=888888$

$987654 \times 9+2=8888888$

$9876543 \times 9+1=88888888$

$98765432 \times 9+0=888888888$

$987654321 \times 9-1=8888888888$

$11^2=121$

$111^2=12321$

$1111^2=1234321$

$11111^2=123454321$

$111111^2=12345654321$

$1111111^2=1234567654321$

$11111111^2=123456787654321$

$111111111^2=12345678987654321$

1 ....= 1 × 1

1+2+1.......= 2 × 2

1+2+3+2+1...= 3 × 3

1+2+3+4+3+2+1.=4 × 4

1+2+3+4+5+4+3+2+1..= 5 × 5

1+2+3+4+5+6+5+4+3+2+1 = 6 × 6

• **아르키메데스**(Archimedes, 기원전 287-212)는 물이 가득 찬 욕실의 탕 속에 몸을 담근 순간 흘러 나간 물을 보고 부력의 법칙을 발견하였고 뉴턴은 사과가 나뭇가지에서 땅으로 떨어지는 것을 보고 만유

인력의 법칙을 발견했습니다. 과학사, 수학사에서 나오는 일화에서 중요한 것은 낱낱의 사실을 단지 그것만으로 보지 않고 다른 일들과 연관지어 생각해야 한다는 교훈을 깨닫는 것입니다. 그것은 곧 적은 일을 큰 차원에서 파악한다는 뜻입니다. 아르키메데스는 당시 복잡한 모양을 한 왕관의 부피를 계산하는데 침식을 잊어 가며 여러 날 씨름을 했습니다. '왕관이 순금이냐, 또는 은이 섞여 있느냐?' 라는 문제에 관한 것이었습니다. 뉴턴의 경우도 마찬가지였습니다. 그는 힘과 운동의 문제를 갖고 오랫동안 사색하고 있었다고 합니다.

아르키메데스 이전에도 목욕탕에 들어간 사람, 뉴턴 이전에도 사과가 땅으로 떨어지는 것을 본 사람은 얼마든지 많습니다. 그러나 아무도 두 사람처럼 대 발견을 하지 못했습니다. 이 천재들은 그 문제를 갖고 상당 시간을 집중적으로 생각하고 있었기에 그러한 현상들을 보았을 때 무의식 속에 있었던 문제가 뇌세포 표면으로 뛰쳐나와 현실의 현상과 겹쳐졌던 것입니다.

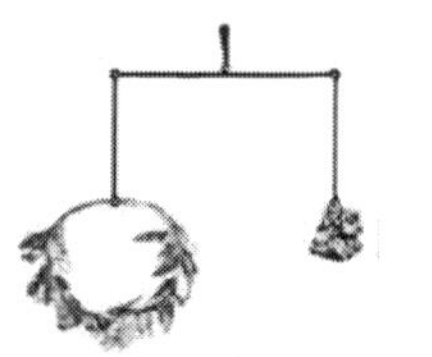
The crown and the gold have equal weight.

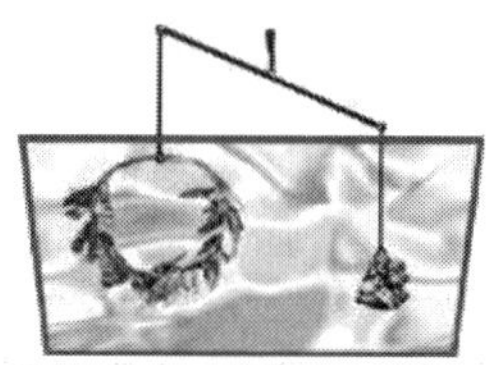
The crown displaced more water than the gold.

아르케메데스 왕관이야기는 아이디어의 상호작용에 대한 스토리입니다. 왕 히에로(Hiero)가 아르키메데스에게 금세공장이가 만든 새로 만든 왕관이 원하던 양의 순금인지 아닌지 알아내도록 요청하자 밤낮으로 문제에 대해 생각했습니다, 어느 날 목욕하려 탕 안에 들어갔을 때 넘쳐나는 물과 몸이 가벼워짐을 느끼며 영감으로 아이디어가 떠올랐습니다. 아르키메데스는 그의 발견에 너무 흥분해서 시러큐스의 거리를 나체로 "**유레카**!"라고 외쳤다 전해지지요. 물체의 무게와 밀도를 차근차근 알아내면 순금왕관인지 다른 금속이 섞였는지 진실을 알아낼 수 있지요. 여기서 중요한 문제는 "**생각하십시오**!" 새로운 문제에 대한 해결책을 찾을 수 있습니다.

문제 풀이는 단순한 느낌이나 우연으로 얻어지는 것이 아님을 입증하는 일화들입니다. 문제를 풀겠다는 강한 의욕과 집중적 사색이 있을 때만 가능해집니다. 문제를 풀겠다고 오랫동안 씨름하다 잠깐 동안 휴식하고 있을 때 좋은 생각이 튀어나오기도 합니다. 어려운 문제에 부딪히면 생각하는 사이에 그것이 머리에 박혀 버립니다. 전화를 걸다가 또는 산책 도중에, 저절로 고심했던 문제의 해가 나오는 경우가 있으니 끊임없이 그 문제에 매달리고 사색하는 것 외에 왕도는 없습니다. 수학은 얼마나 깊이 그리고 많은 시간을 들이느냐에 수학실력이 비례하는 것 같습니다.

Chapter 04

시계의 탄생과 수학

4.1. 시계의 변천사

시계는 시간을 측정하는 데 사용됩니다. 일반적으로 시계에는 1부터 12까지 12개의 숫자가 적혀있고, 시침, 분침, 초침이 있습니다. 시계 각도 문제는 각도와 시간이라는 두 가지 측정과 관련됩니다. 각도는 일반적으로 숫자 12의 표시에서 시계 방향으로 단위로 측정됩니다. 시간은 일반적으로 12 시간제를 기준으로 합니다. 이러한 문제를 해결하는 방법은 분당 각도의 변화율을 고려하는 것입니다. 일반 12시간 아날로그시계의 시침은 12시간 (720분) 또는 분당 0.5°로 360° 회전합니다. 분침은 60분 또는 분당 6°로 360°회전합니다. 초침은 1분을 60초로 하고 초침이 360°회전 할 때 분침은 6° 회전하게 합니다. 다음은 시계의 발전사로부터 과학의 탐구와 정밀성의 추구는 수학적 접근임을 엿볼 수 있습니다.

영국 **그리니치 자오선 및 왕립그리니치천문대**(The Royal Observatory, Greenwich)입구의 세계표준시입니다. 1675 년 그리니치에 설립된 왕립천문대는 1948년 허스트 몬슈로 이전하여 대폭 확장되어 왕립 그리니치 천문대로 이름이 변경 되었습니다(royalobservatorygreenwich.org 참조).

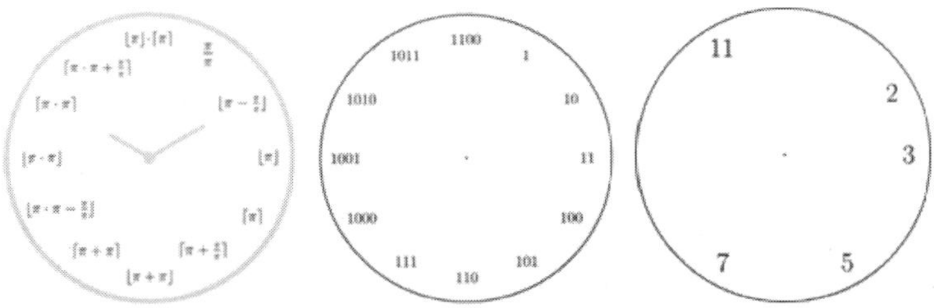

시계 다이얼을 1에서 12까지 숫자로 넣을 수 있지만, 약간의 변경을 해서 숫자를 다른 방식으로 쓸 수 있지 않을까요? 무엇을 주제로 한 시계일까요? 왼쪽은 파이를 주제로, 가운데는 이진법, 오른쪽은 소수(prime number)로 숫자를 만들었네요(수학의 다양한 아름다움과 응용을 소개하는 온라인잡지 plus.maths.org 참조).

달력과 더불어 일반사람들이 수를 가장 많이 보는 것은 시계를 통해서입니다. 시계는 우리 인간이 생활하는데 가장 유용한 도구임은 틀림이 없습니다. 현대인들은 시간을 정하여 조직적으로 일을 처리하며 시계를 이용하지만 반면에 알람에 따라 일어나고 시간에 따라 움직이는 등 시간에 지배당하며 산다고 해도 과언이 아닙니다. 시계 속에는 수학적으로는 여러 가지 진법과 여러 가지 실험을 통한 최적화 이론이 숨겨져 있습니다.

• 고대 사람들은 낮과 밤의 반복에 의해 날을 세고 달력을 만들었으며, 그림자의 변화에 따라 시간의 경과를 알았습니다. 최초의 시계는 1개의 막대를 땅 위에 세웠던 **그노몬**(gnomon)입니다. 고대이집트에서는 오벨리스크가 그노몬으로 쓰였고, 지침(指針)은 지축에 평행하게 기울어지도록 하여 1년 동안 그림자 길이는 변화해도 방향은 변하지 않도록 개량되었는데 이것이 **해시계**(sun dial)입니다. 해시계는 처음에 바빌로니아, 이집트에서 만들어져 차츰 동과 서로 전해졌다고 합니다. 그러나, 해시계는 밤 동안이나 날씨가 궂은 때에는 사용할 수 없고 시간을 세분하는 데는 적합하지 않았기 때문에 이 결점을 보완하여 물방울을 이용한 물시계 **클랩시드라**(clepsydra)가 고안되었습니다.

• 고대이집트에서는 이미 1년을 365일로 하는 달력을 사용하고 있었고, B.C. 1550년 무렵에는 이러한 종류의 시계를 이용하여 낮과 밤을 각각 12등분(12진법)하였다는 사실이 알려져 있습니다. 그 뒤 물을 모래로 바꾼 모래시계, 불시계(양초, 램프)등이 고안되었으며, 각각의 특징에 따라 근세까지도 사용되었으나 이러한 시

계는 정밀도도 떨어지고 늘 해시계와 비교하면서 어떤 시간을 등분하는 보조적인 장치에 불과했습니다.

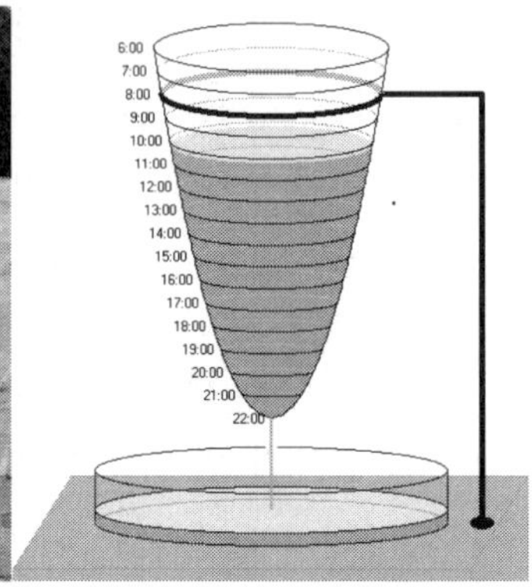

고대 해시계 그노몬　　고대 물시계 클렙시드라
(위키이미지)

이러한 초창기의 시간측정방법들은 대개 땅위에 세운 막대기의 그림자가 가장 짧아지고 이튿날 다시 똑같은 상태가 될 때까지의 시간을 "**진태양일**(眞太陽日)"로 정했는데, 이 진태양일 기준 하루의 길이는 1년을 통해 많은 변화가 있었기에 이 불편을 없애기 위해 유럽에서는 18세기 중엽부터 19세기말에 걸쳐 1년마다 평균을 내어 평균 태양일을 정하고 이것을 24등분(24진법)한 것을 **시**(hour), 시를 60등분(60진법)하여 **분**(minute), 분을 60등분하여 **초**(second)로 하는 제도가 시작되었습니다.

1927년 수정시계의 출현으로 그때까지 최고의 정밀도를 지닌 시계였던 지구자전속도(정밀도 ±1억분의5)의 불규칙성이 발견되어 이것이 정확한 시계의 기준이 될 수 없음이 판명되었습니다.

4.2. 1초의 정의

1960년 **국제도량형회의 총회**(General Conference on Weights and Measures)는 1초를 1900년 초 시점에서 측정한 1태양년의 3,155만 6925.9747분의 1이라고 정의하고 이것을 시간의 단위로 하였습니다. 또한 1967년 이 총회는 그 1초에 맞추어 국제단위계(SI)의 시간 단위 '**초**'를 세슘 133의 바닥상태에서 2개의 초미세구조 사이의 전이(轉移)에 대한 방사 주기의 91억 9263만 1770배로 했습니다. 이로써 초의 단위는 천문학적 정의에서 독립하였습니다.

세계에서 가장 오래된 공공시계탑은 파리의 중심부 (Palais de la Cité)에 위치해 있으며 이 시계는 1370년 독일 엔지니어 헨리 비크(Henri le Vic)에 의해 만들어져서 파리 시민들에게 술집이 언제 문을 닫고 언제 문을 열어야하는지 등 시간을 알렸습니다(굿라이프프랑스 참조).

• 기계식 시계가 발명된 것은 1300년 전후로 추측됩니다. 14세기가 되자 북부 이탈리아를 중심으로 유럽의 주요 도시는 시간을 알리는 장치가 있는 공공 시계탑을 다투어 설치하였습니다. 파리의 대법원에 있는 시계는 1370년 독일인 비크가 프랑스의 샤를 5세를 위하여 만든 것으로 현존하는 것 중 가장 오래된 시계로서

유명합니다.

또 이탈리아의 돈디가 제작한 천문시계, 높이 1.4m의 시계는 현존하지는 않으나 1364년에 씌어진 문헌에 기록이 남아있으며, 1960년 그것의 정확한 복제품이 만들어져 미국의 스미스소니언 박물관에 소장되어 있습니다. 당시의 시계구조는 무거운 추의 힘으로 기어를 회전시켜 관형 탈진기에 관성이 큰 막대템포를 물려 축의 회전을 억제하는 방식이었습니다. 막대템포 자체는 오늘날의 진자나 템포처럼 등시성(等時性)을 가진 진동을 하지 않기 때문에 시계의 오차는 하루에 30분이나 되었습니다. 이 때문에 당시의 시계는 시계바늘이 1개뿐이었고, 눈으로 보는 것이 아니라 종으로 시각을 알리는 것이었습니다.

태엽 발명에 의해 탁상시계가 만들어진 것은 15세기 전반입니다. 태엽시계의 가장 큰 문제점은 감긴 상태에 따라 태엽의 힘이 크게 변동하여 시간이 맞지 않는 것이었습니다. 이 때문에 발명자는 분명하지 않지만 레오나르도 다 빈치가 남긴 기록에 보이는 균력차(fusee)와 스택프리드(stack freed)장치가 고안되었습니다.

• 1583년 **갈릴레이**(Galilei, 1564-1642)에 의해 진자의 등시성이 발견되자 네덜란드의 과학자 **호이겐스**(Huygens, 1629-1695)는 이것을 시계에 이용하여 1657년 최초의 진자시계를 완성하였고, 75년 템포와 소용돌이 모양의 유사(遊絲)를 조합시킨 조속기(調速機)를 발명하였습니다. 이 등시성을 가진 조속기의 발명은 시계의 정밀도를 높여 고정밀도화의 길을 열었습니다.

이탈리아의 천문학자인 **지오바니 돈디**(Giovanni da Dondi)가 1364 년에 완성한 것으로 알려진 최초의 행성시계는 원 시계는 현존하지 않지만, 다행히 돈디가 남긴 시계에 관한 자세한 디자인을 담은 문서가 발견되어1960년대 복원 되어 미국 스미소니언 박물관을 비롯하여 여러 나라에 전시되고 있습니다(영국 옥스포드대 Cabinet사이트 참조).

4.3. 스위스 시계

17세기 전반 네덜란드의 번영 이후 세계경제의 중심이 영국으로 옮겨짐에 따라 시계에 관한 발명도 영국에서 많이 이루어졌습니다. 16세기 이래 에스파냐, 네덜란드, 영국, 프랑스 등의 해운국이 '**경도**(經度)의 발견'을 국가적 과제로 삼아 최고의 정밀도를 지닌 가지고 다닐 수 있는 시계 머린크로노미터의 제작을 장려한 일도 있으며, 1704년 런던에서 활동하고 있던 스위스인 파티오가 루비에 구멍 뚫는 방법을 발명함으로써 보석베어링의 채용, 17세기의 훅, 클레망, 톰피온, 그레이엄, 머지 등의 탈진기에 관한 발명, 그레이엄의 수은보정진자 등 18세기에는 주요 발명이 뒤를 이어 시계의 구조는 크게 개량되었으며 많은 기능이 부가되었습니다.

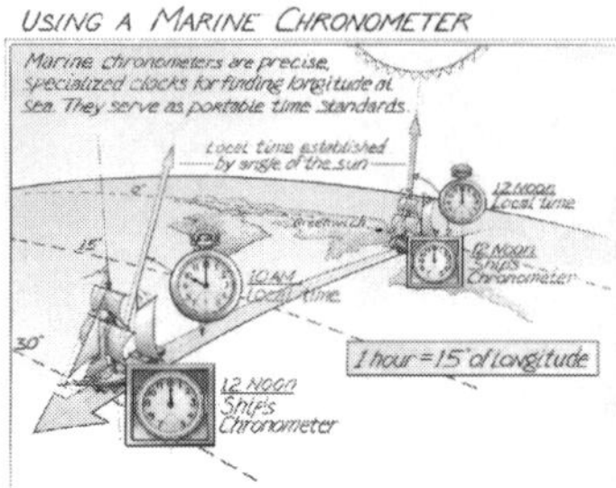

해양 **크로노미터**는 바다에서 경도를 찾기 위한 정밀하고 특수하고 정확한 시계입니다. **GMT(그리니치 표준시)** 및 현재 위치의 시간을 이용해 경도를 결정하는데 사용합니다. 18세기에 처음 개발되었을 때, 크로노미터는 해상 (및 이후의 항공) 항법에 혁명을 일으켰고 신대륙의 발견 및 식민지시대를 가속화시켰습니다. 영국인 존 **해리슨**(John Harrison)은 독학으로 목수 및 시계제작자가 된 사람으로 31년에 걸친 지속적인 실험과 테스트를 거쳐 크로노미터를 발명했습니다. 해리슨은 BBC가 2002년 공개여론조사로 선정한 100대 위대한 영국인 중 39 위를 차지했다 합니다(위키 참조).

• 19세기가 되자 차츰 공장이 설립되었고 개인에 의한 시계제작은 그 모습을 감추었습니다. 그때까지 세계 제일의 시계 산업국이었던 영국은 1840년 무렵부터 쇠퇴했으며 대신 스위스가 두각을 나타내기 시작하였습니다. 20세기 초에 출현한 손목시계는 제1차 세계대전 후 크게 유행하였고, 1924년에는 영국 하우드의 자동태엽손목시계가 시판되었습니다. 시계의 정밀도 향상에 큰 공헌을 한 사람은 스위스의 **기욤**(Guillaume, 1861-1938)입니다. 기욤은 니켈철합금, 온도변화에 대하여 신축이 적은 인바(invar)와 탄성변화가 적은 엘린바의 발명으로 1920년 노벨물리학상을 받았습니다. 인바는 진자의 대(臺) 등에, 엘린바는 템포의 유사에 사용되어 시계의 실용정밀도를 크게 높였습니다.

18세기는 시계의 구조, 기능에 대한 개량 시대, 19세기는 제조법의 개혁 · 진보의 시대, 20세기는 시계산업에서 기계시계의 완성기, 그리고 혁명적인 전기 · 전자시계로의 전환시대가 되었습니다.

Chapter 05

자연절기 풍속과 수학

5.1. 24절기

절기(節氣)는 우리 민족의 과거 생활양식 주기라 할 수 있습니다. 우리 민족은 전통적으로 태음태양력의 역법인 현재의 음력과 계절의 변화에 맞는 24절기의 조화로운 사용으로 농경사회의 규칙적 삶의 양식을 만들어냈습니다. 여기에 다양한 세시풍속이 생겨나고 24절기에 맞는 여러 명절이 추가되어 인정과 멋이 넘치는 삶을 영위해 왔습니다.

• **음력**은 달의 운동에 근거하여 만들어지기 때문에 태양의 움직임은 잘 나타내 주지 못합니다. 계절의 변화는 태양의 운동에 의하여 결정되므로 음력 날짜와 계절의 변화가 잘 일치하지 않자 이런 문제점을 보완하기 위하여 음력에서는 계절의 변화, 즉 태양의 운동을 표시하여 주는 24절기를 도입해 같이 사용합니다. 지구가 태양의 주위를 한 바퀴 도는 24절기는 **황도**(黃道, ecliptic)를 15° 간격으

로 나눈 점이고 태양의 움직임을 24절기로 표시하여 주기 때문에 **태음태양력**이라고 합니다. 즉 **달**(태음)과 태양의 운동을 모두 고려하여 주는 역법이란 뜻입니다.

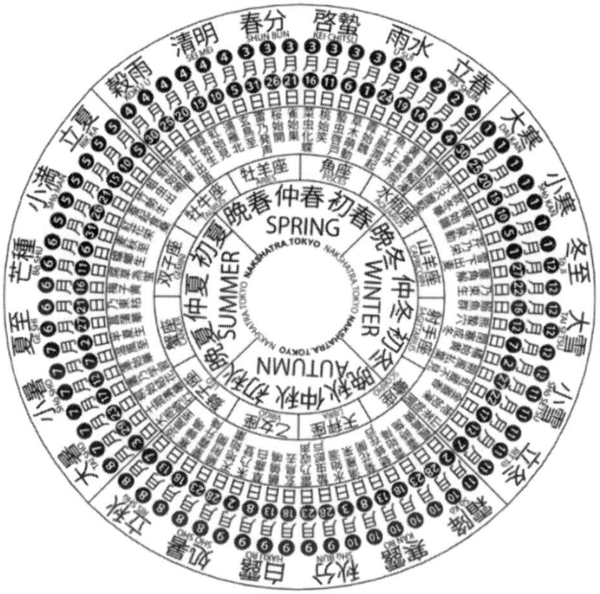

24절기를 나타내는 표(위키미디어 이미지)

24절기는 태양의 운동에 근거한 것으로 태양이 남쪽에서 북쪽으로 향해 적도를 통과하는 점인 춘분점으로부터 태양이 움직이는 길인 황도를 따라 동쪽으로 15°간격으로 나누어 24점을 정하였을 때 태양이 각 점을 지나는 시기를 말합니다. 좀 더 정확히 말하면 천구상에서 태양의 위치가 황도가 0°일 때 춘분, 15°일 때 청명,⋯, 300°일 때 대한으로 합니다(24×15°=360°).

명칭	황경	일자	명칭	황경	일자
	도	월 일		도	월 일
소 한	285	1 6	소 서	105	7 7
대 한	300	1 20	대 서	120	7 22
입 춘	315	2 4	입 추	135	8 7
우 수	330	2 19	처 서	150	8 23
경 칩	345	3 5	백 로	165	9 7
춘 분	0	3 20	추 분	180	9 22
청 명	15	4 4	한 로	195	10 8
곡 우	30	4 19	상 강	210	10 23
입 하	45	5 5	입 동	225	11 7
소 만	60	5 20	소 설	240	11 22
망 종	75	6 5	대 설	255	12 7
하 지	90	6 21	동 지	270	12 21
한 식		4 5	초 복		7 16
단 오		6 25	중 복		7 26
			말 복		8 15

한국천문연구원에서 제공한 2020년 24절기와 황경 정보로 절기는 농력(農曆)에 주로 사용됩니다(천문연 참조).

이들 24절기가 계절의 특성을 말해주지만 우리나라의 기후가 정확하게 들어맞는 것은 아닌데 24절기의 이름은 중국 주나라 때 화북지방의 기상상태에 맞춰 붙였기 때문입니다. 절기는 이처럼 음력을 쓰는 농경사회에서 필요에 따라 양력과 관계없이 만들었지만, 태양의 운동을 바탕으로 한 것이기 때문에 결과적으로 양력의 날짜와 일치하게 됩니다. 실제로 달력을 놓고 보면 24절기는 **양력**으로 매월 4~8일 사이와 19~23일 사이에 오고 절기와 절기 사이는 대부분 15일이며, 경우에 따라 14일이나 16일이 되기도 합니다. 이는 지구의 공전 궤도가 타원형이어서 태양을 15° 도는데 걸리는 시간이 똑같지 않기 때문입니다.

• 우리나라에서 사용하던 달력의 유래를 살펴보면 삼국시대에 백제가 중국에서 들여온 송나라의 원가력을 사용했던 기록이 있습니다. 그 후 조선조에 들어와 세종대에 일종의 태음력인 **칠정산내편**(七政算內篇)과 **외편**(外篇)의 역법을 만들었는데, 칠정이란 역목, 태양, 태음, 중성, 교식, 오성, 사여성의 7개 천문을 일컫는 것입니다. 실제의 달력을 사용한 것은 조선조 효종 4년(1653년)에 청나라에서 수입된 서양천문학에 영향 받은 시헌력을 채용한 때부터이고, 현재 공식적으로 사용되는 태양력은 고종 32년(1895년)이 시초입니다.

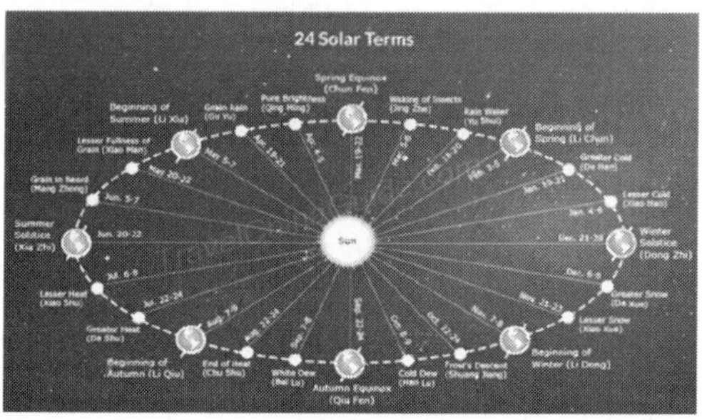

24절기는 고대 중국의 농업 계획과 지금도 유용한 24기후 달력으로 각 태양 기간은 약 15 일이며 하늘에서의 태양의 위치에 따라 결정됩니다. 기원전 17세기경 중국 상왕조때 춘분, 하지, 추분, 동지 4 태양 용어를 결정했고, 기원전 104년에 이르러 24개의 태양용어(24절기) 위치가 결정되었다 합니다(중국 travel china guide 참조).

절기는 **태음태양력**이 계절의 변화와 다소 불일치하는 것을 보완하기 위해 태양의 주기에 기초하여 1개월에 2개씩의 절기를 지정, 계절의 변화에 대응했기 때문에 실제 중세의 농경사회의 농민들에게는 1년의 역법보다는 24절기에 더 큰 비중을 두고 있었다고 합니다. 대략 15일 간격으로 변하는 절기에 따라 농사의 시종을 이루고 시간과 계절에 순응하면서 생활했던 것입니다.

5.2. 태음태양력(Lunisolar Calendar)

하늘에서 태양이 1년을 통하여 지나가는 경로를 **황도**(the Ecliptic)라고 부르며 이것은 지구의 공전운동으로 인해 태양의 위치가 상대적으로 하루에 1도씩 천구상에서 이동하여 생기는 궤도입니다. 실제로는 지구가 공간상에서 움직이는 길이 황도입니다. 전통의 절기를 지정하는 방법은 평기법과 정기법의 두 가지가 있습니다. 먼저 오랜 세월을 사용한 절기 지정 방법은 평기법으로 만든 절기이고, 청나라 때의 시헌력이 사용되면서 채택된 절기 사용법이 정기법입니다. 평기법은 1년을 24등분해서 황도상의 해당점에 각 기(氣)를 매기는 방법으로 동지를 기점으로 중기와 절기를 매겨 15.218425일씩 더하면서 24절기를 정하는 방법이고, 정기법은 황도상의 동지점을 기준으로 태양이 동쪽으로 15° 간격으로 변화될 때마다 절기와 중기를 매겨 나가는 방법입니다.

인류가 역법을 만들어 사용하고 있는 달력은 태양과 지구, 달의 변동에 따라 만들어진 것으로 관측의 대상에 따라 태음력과 태양력, 태음태양력의 세 가지로 분류할 수 있습니다.

• **태음력**(lunar calendar)은 달의 운행만을 기준으로 삼아 달이 평균 29.53059일을 주기로 차고지는 것을 1달로 정해서 만든 달력입니다. '순 태음력'으로도 불리는데, 현재 일상에서 사용되는 우리의 음력과는 다른 역법입니다. 윤달을 사용하지 않아 계절과 달력이 점차 달라지는 결점이 있지만 현재에도 이슬람 문화권에서는 사용되고 있습니다.

• **태양력**(solar calendar)은 현재의 양력으로 태양의 공전주기인 365.2422일을 12달로 나누어 만든 것으로 로마시대를 기원으로 보는데, 율리우스력에서 그레고리력으로 발전했습니다. 율리우스력은 로마의 대황제 율리우스 카이사르가 그리스에서 사용하던 것을 수정해서 사용했는데, 1년을 365일로 정하고 4년의 배수가 되는 서기 연도에 윤년을 두었습니다. 하지만 1년을 365.25일로 정하다 보니 실제의 1년과는 0.0078일의 오차가 있기에 그 후 1582년 로마 황제 그레고리 13세가 3월 11일에 태양이 춘분점을 통과하는 것을 알고 율리우스력을 개선하여 현재의 양력을 만들어 400년 사이에 97회의 윤년을 넣었습니다.

• **태음태양력**(lunisolar calendar)은 우리의 일상에서 사용되고 있는 음력입니다. 태음력의 오류를 보완해서 윤달의 개념을 삽입해 달력과 계절의 불일치를 다소 해소했습니다. 자세하게 살펴보면 태음태양력은 태양 공전주기 365.2422일과 달의 공전주기 354일의 차이 11.25일을 보완하기 위해 19년간 7번의 윤달을 넣어 대략 3년 정도의 간격으로 13개월의 1년을 만들어 계절과 역법을 일치시킨 것입니다.

• **간지**(干支, subdivisons)는 우리의 전통문화 속에서 실생활과 밀접한 관계를 맺고 있었던 소중한 우리의 전통입니다. 인류가 날짜의 변화에 대한 인식에서 출발해 역법을 만들어내게 되었는데, 동양에서는 간지를 적용해 활용한 것 입니다.

• **십간**(十干)은 일반적인 학설로는 중국 한나라 때 완성된 것으로 전해오지만 어느 한 시대의 창작물로 보기보다는 고대의 주술적 점술과 철학적 사유, 또한 문명의 발달 등이 종합된 고대 역법의 결정체라 할 것입니다. 10개라는 숫자의 의미는 열흘인 1순(旬)의 의미에서 온 것으로 보이며, 이는 달의 변화를 기준으로 한 달이 29일 내지 30일 이므로 10일씩으로 나누어 3순으로 정해서 현재까지도 초순, 중순, 하순으로 표현합니다. 이렇게 10일의 의미로 10개의 명칭을 붙여서 사용해 온 것으로 명칭은 처음 십간(十幹)으로 쓰이다가 십간(十干)으로 변화되었으며, 점술가들에 의해 오행을 결부시켜 천간(千干)으로 불리게 되었습니다.

• 십간이 날짜를 표시하는 부호로 사용되었다면, **십이지**(十二支)는 12개의 달을 의미하는 부호로 사용되었다고 볼 수 있습니다. 십이지의 명칭은 처음 십이진(十二辰), 십이지(十二支) 등으로 쓰이다가 현재의 십이지로 변화되었고, 역시 점술가들에 의해 오행이 결부된 지지(地支)로 표현되기에 이르렀습니다. 또한 십이지에는 동물을 결합시켜 **십이지수**(十二支獸)로 표현하는데, 일반적으로 음양설이나 불교사상 등의 영향으로 생겨난 것으로 보고 있으며 시각과 방위까지 결합시켜 우리의 일상에 오랜 세월 동안 사용된 십이지에서는 특히 시각의 표시에서 새로운 날의 시작인 자시가 현재의 시각

으로 오후 11시에 해당되므로 현재의 날짜 변경과는 1시간이라는 큰 차이를 보입니다.

10 天干과 12 地支

	木		火		土		金		水	
천간	갑 甲	을 乙	병 丙	정 丁	무 戊	기 己	경 庚	신 辛	임 壬	계 癸
연도 끝자리	4	5	6	7	8	9	0	1	2	3

띠	쥐	소	호랑이	토끼	용	뱀	말	양	원숭이	닭	개	돼지
지지	자 子	축 丑	인 寅	묘 卯	진 辰	사 巳	오 午	미 未	신 申	유 酉	술 戌	해 亥
	水	土	木		土	火		土	金		土	水

10간12지는 중국 한나라 시기부터 사용되어 온 것으로 보이며, 오늘날 우리나라를 위시한 중국, 일본, 베트남 등지에도 흔적이 남아서 음력과 태어난 해의 띠 등 동양적 조디악(zodiac)에 쓰이고 있습니다(알라딘 책 참조).

Chapter 06

천체운동 기록인 달력 속의 수학

6.1. 천체운동(Planetary Motion)

우리가 일상생활에서 수를 가장 많이 보고 접하는 곳은 아마 달력에서일 것입니다. 달력은 시스템화 된 수의 모음이되 인간의 역사를 기억하고 기록하는데 쓰이는 중요한 도구이기도 합니다. 오늘날의 달력이 있기까지의 유래와 역사에 대해서 알아보는 것은 흥미로운 일일 것입니다.

년, 월, 일은 태양, 지구, 달의 천체 운동 주기에서 만들어집니다. **년**(年) 태양년은 지구가 태양 주위를 한 바퀴 완전히 도는데 걸리는 시간이고, **월**(月)은 보름달과 다음 보름달 사이의 시간이며, **일**(日)은 해가 남중했다가 다음 남중할 때까지의 시간입니다.

위 사진에 표시된 태양 이미지는 1년 동안 멕시코에서 같은 지점에서 세사르 칸투(César Cantú)가 관찰한 사진 52장에 나타난 태양 위치 이미지입니다. 태양은 1년 365일 동안 자전축 기울기 23.5에 따라 하늘에서 위아래로 움직일 뿐 만 아니라 태양 주위의 타원궤도에 따라 앞뒤로 움직이는 것처럼 보입니다. 두 효과가 결합되면 그 결과로 나타나는 그림을 **아날렘마**(analemma)라고 합니다(astrocolorsllc.com 참조).

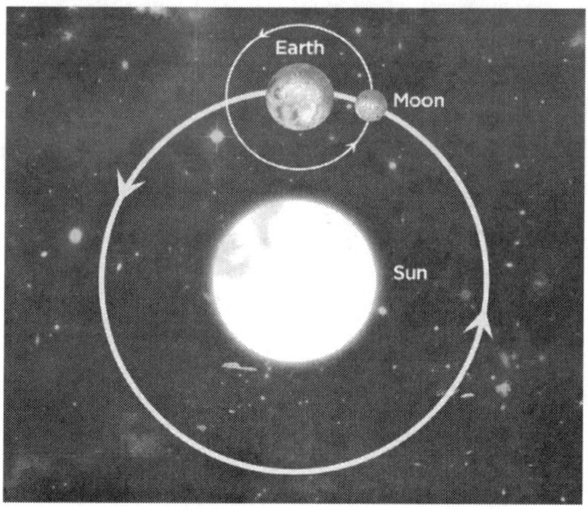

지구는 하루에 한 번씩 자전하면서, 태양 주위를 한 바퀴 도는 데 걸리는 시간이 일 년이고, 달은 지구 주위를 한 달에 한 번씩 회전합니다. 태양, 지구 및 달 회전의 이미지입니다(AstroEdu 참조).

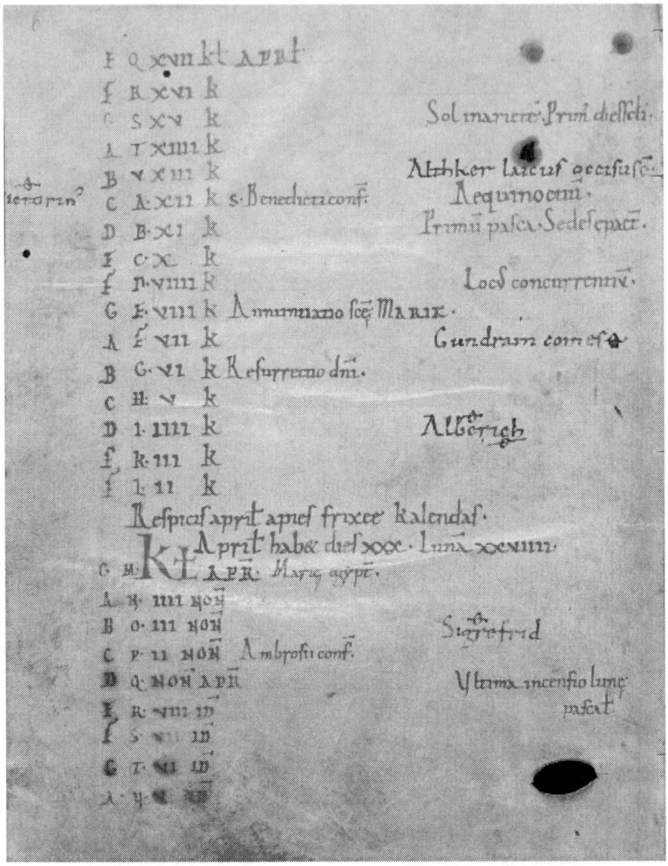

10세기경 달력(위키 이미지). 최초의 역사적으로 입증되고 공식화된 달력은 고대 근동의 글쓰기 발전에 따라 청동기 시대로 거슬러 올라갑니다. 수메르 달력이 가장 초기였고 이집트, 아시리아 및 엘람 달력이 그 뒤를 이었습니다. 달력의 역사, 즉 일과 더 큰 시간 분할을 추적하는 방법을 만들고 사용하는 사람들의 역사는 고대에 뿌리를 둔 관행을 다룹니다. 고고학자들은 적어도 신석기시대 만큼 오래된 선사 시대로 거슬러 올라가는 시간 측정 방법을 재구성했습니다(위키 history of calendars).

"하루는 24시간이고 1년은 3백65일이다." 지금은 너무도 당연한 이 진실을 알기 위해 인류는 오랫동안 천문학이나 수학 등 모든 과학적 지식을 총동원해가며 수 천 년간 하늘의 해와 달, 별들과 씨름을 벌여 자연의 시간에 가장 근접한 달력을 만들려 노력해왔습니다. 달력 속에는 천체의 **타원운동**, 중력간의 관계 등을 측정하는 우리가 생각하지 못한 수학이 숨겨져 있습니다. 달력을 만드는 목적은 인간생활을 자연의 흐름에 맞게 하기 위한 것이었습니다. 농경시대에 파종시기를 잘 알고 건기와 우기에 미리 대처하는 것은 생활의 필수였습니다. 고대 그리스와 로마, 중세유럽을 거쳐 근대에 이르는 오랜 세월 동안 탐구가 이루어졌으며, 오늘날의 달력 모습을 갖추기까지는 수 천 년이 걸렸고 아직도 완성된 모습은 아닙니다.

6.2. 역사에서 사라진 '1582년의 10일'

천체 관측이 정교해짐에 따라 사람들은 일 년이 우수리 없이 딱 떨어지는 날 수와 달 수로 되어 있지 않다는 것을 알게 되었습니다. 고대 문명의 초기에 **티그리스-유프라테스** 계곡에 있던 농부들은 일 년이 열두 달로 되어 있고, 한 달은 보름달과 다음 보름달 사이의 평균시간인 28.8일로 된 달력을 고안하였습니다. 이 날 수를 더하면 일 년이 354일이 되는데, 이것은 우리가 알고 있는 일 년보다 11일이 짧습니다. 그들은 씨 뿌리는 날짜가 점점 계절과 어긋난다는 것을 알아차렸고, 달력을 계절과 일치시키기 위해서 여분의 달을 달력에 더했는데, 처음에는 불규칙하게 더했으나 나중에는 19년 주기로 하였습니다.

• 태양년이 365일에 가깝고 매 4년마다 하루를 더해야 된다는 것을 처음으로 알아낸 사람은 이집트인이었습니다. 그러나 이집트 천문학자들은 4년마다 하루를 더하는 것에 대해 자기네 왕을 설득시키지 못했습니다. 그 때문에 계절과 달력은 천천히 어긋나기 시작했고 그 후 200여 년이 지난 후, 기원전 46년에 가서야 율리우스 카이사르(Julius Caesar)는 **윤년**(leap year)이 도입된 365일제를 채택하였습니다. 율리우스 카이사르는 이집트를 원정할 때 "**율리우스력**(Julian calendar)"으로 불리는 새 달력을 만들었으며 이 달력은 오늘날과 같이 한 달의 길이를 31일(홀수달)과 30일(짝수달)로 번갈아 넣었습니다. 평년을 365일로 하기 위해 2월에서 하루를 떼어 29일로, 윤년인 경우는 30일로 했습니다. 그러나 16세기 들어 율리우스력에 따라 표시된 부활절이 실제 성경의 기록과 차이가 나 종교적으로 문제가 되기 시작했습니다. 따라서 로마 교황 그레고리 13세는 본래 지키던 부활절로 날짜를 되돌리기 위해 그때까지 사용하던 달력에서 날짜가 열흘씩 앞당겨지게 했습니다. 즉, 1582년 10월 4일 다음날이 10월 15일이 되도록 하였지요. 1582년은 1년의 길이를 10일이 줄어든 355일로 하였기에 역사에서 10일 존재하지 않게 된 이유가 여기에 있습니다. 다른 나라들도 점차 **그레고리력**(Gregorian calendar)을 채택하면서 로마에서처럼 날짜가 점프하는 일이 곳곳에서 벌어졌습니다. 메이지(明治) 유신 때 그레고리력을 받아들인 일본에서는 1872년 12월 2일 다음날이 1873년 1월 1일이 됐습니다.

그레고리력은 아직도 완전한 1년보다 매년 약 25.96초가 빠릅니다. 이 때문에 4년에 한번 씩 윤년을 두고 있으며 4년마다 무조건 윤년을 두던 것을 1700년처럼 1백의 배수인 해는 윤년이 아니고,

2000년처럼 1백의 배수도 되고, 4백의 배수이기도 한 해는 다시 윤년이 되도록 했습니다. 이리하면 1년의 평균 길이가 365.2425가 되어 공전 주기와 거의 차이가 없게 되었습니다.

이처럼 인간은 수학적 지식을 동원하여 자연의 시간에 가장 가까운 달력을 만들려 노력해 왔습니다. 흘긋 보고 넘기는 달력 속에도 수학적 배려가 담겨져 있지요.

• 태양력에 비해 **태음력**은 기원전 2637년 **중국**에서 처음 만들어진 것으로 인류 역사상 가장 오래된 역법입니다. 음력은 60년을 큰 주기로 순환하는데 그 60년은 다시 12년을 주기로 하는 5개의 작은 주기로 이루어집니다. 양력과 음력, 어느 것이 더 과학적인가? 한 달의 길이를 정하는 방법에서 음력과 양력간에는 커다란 차이가 있습니다. 양력의 경우 해의 운행만을 고려하므로 한 달은 해가 황도 위를 한 바퀴 도는데 걸리는 시간을 12로 나누어 그것을 한 달의 길이로 정하면 됩니다.

이를 수식으로 표시하면 1년 즉, 1태양년의 길이를 365.2422일이라고 할 때 한 달은 365.2422일/12=30.436일입니다. 따라서 큰달은 31일, 작은달은 30일로 교대로 배열하면 문제가 없지요. 그러나 지금 쓰이는 그레고리력은 2월의 경우 28일이고 7월과 8월은 모두 31일로 들쭉날쭉합니다. 매달 해의 운행이 일정한 점을 고려하면 이를 제대로 반영하지 못한다는 것을 알 수 있습니다.

1582		OCTOBER			1582	
SUN	MON	TUE	WED	THU	FRI	SAT
	1	2	3	4	15	16
17	18	19	20	21	22	23
24	25	26	27	28	29	30
31						

1582년 10월 달력에는 5일-14일이 없습니다. 율리우스력(The Julian Calendar)은 기원전 45년 로마의 지배자가 된 율리우스 카이사르(Julius Caesar)가 달력과 계절이 맞지 않아 로마 달력의 개혁이 절실하다고 결정해서 생겼습니다. 그레고리력은 그레고리 13세가 부활절과 달력을 일치시키기 위해 1582년 10월 4일에서 15일로 건너뛰는 방법으로 수정해야 했습니다(딩고 크리에이티브 이미지 참조).

이에 비해 음력은 자연의 원칙을 철저하게 지켰습니다. 한 달의 길이를 정할 때 양력은 1년을 12로 나눈 데 비해 음력은 달의 주기를 기준으로 삼았습니다. 즉, 음력에서는 달의 모양이 초승달-상현달-보름달-하현달-그믐달 순으로 바뀌는 것을 보고 그 주기인 약 29.53일을 한 달의 길이로 정했습니다. 이에 따라 음력에서는 한 달의 길이가 29일 또는 30일이 되는 것이며 결국 음력은 양력보다 조금 다른 차원에서 천체의 운행을 보다 더 정확하게 반영하려고 했던 달력이라고 할 수 있습니다.

6.3. 고대 로마 황제들의 전횡과 달력의 비과학성

달력은 과학을 수학화한 산물입니다. 그러나 의외로 비과학적인 측면이 많지요. 예를 들면 2월만 30일이 없지요. 1, 3, 5, 7, 8, 10, 12월은 31일까지 있지만 4, 6, 9, 11월은 30일까지만 있습니다. 이 같은 비규칙적이고 비과학적인면은 왜 생겨났을까요?

역사에 영원히 자신의 이름을 남기려는 고대 로마 황제들의 오만과 독선이 이 같은 왜곡을 만들어 냈습니다. 기원전 46년 카이사르는 율리우스력을 만들면서 1년의 시작을 3월에서 1월로 돌려놓았습니다. 고대 서양에서는 한 해의 시작을 춘분 날로 보고 춘분이 들어있는 달을 1월로 했었지요. 카이사르는 그러나 달력을 계절에 맞추기 위해 기존의 1월을 3월로 하고 그 앞에 새로 두 달을 넣은 것입니다. 이에 따라 모든 달이 2개월씩 미뤄져 5월이었던 퀸 틸리스가 7월로, 10월을 의미하는 디셈버는 12월이 됐습니다. 황제들의 욕심은 끝이 없었고, **율리우스 카이사르**는 또 생일이 있는 7월을 아예 그의 달로 정해서 **쥴라이**(July)라고 했습니다.

율리우스가 브루투스에게 시해된 후 로마 황제로 등극한 이가 **아우구스투스**(Augustus, 기원전 63-14) 황제입니다. 그도 율리우스를 본받아 달력에 이름을 남기려고 했습니다. 그는 트라키아와 아크림 전투에서 승리를 거둔 것을 기념하기 위해 8월 달의 본래 명칭 섹스틸리스(Sextilis, 제6번째 달이라는 의미)을 바꾸어 그의 생일달이 8월이었기에 아우구스투수 이름으로 8월을 아우구스트(August)로 바꿔 자신의 생일달을 기념하려고 했습니다. 더욱이 황제인 자신의 달이 다른 달보다 작으면 황제의 권위가 서지 않는다면서 2월에서 하루를 떼어와 31일의 큰 달로 변경했습니다. 그래서 2월은 평상시에는 28일, 윤년에는 29일이 되었습니다. 그러자 7, 8, 9월이 연달아 31일이 되었습니다. 이것을 피하기 위해 아우구스투스는 9월, 10월, 11월, 12월의 숫자를 모두 바꿔 버렸습니다. 그러자 1월에서 7월까지는 홀수인 달이 큰 달이 되고, 7월과 8월이 연속해서 큰 달이 됐습니다. 그리고 8월부터 12월까지는 짝수 달이 큰 달이 됐습니다. 이 때문에 2월 달이 다른 달에 비해 유난히 작아져 버렸습니다. 양력은 태양의 운행에 따라 1년의 길이를 정했지만, 달의 길이는 임의대로 정해졌던 것이지요.

그 후, 악명이 높던 **네로** 황제는 이들을 본 따 4월을 자신의 달인 네로네우스(Neroneus)로 고쳤지만, 네로 황제의 사후에 다시 본래의 명칭으로 되돌아왔습니다.

아우구스투스의 통치는 로마의 평화(팍스 로마나)라 불리는 태평성대를 이루었습니다. 초대 황제로 불리는 카이사르 디비 필리우스 아우구스투스(Imperator Caesar divi filius Augustus, 재위 기원전 27년 ~ 서기 14년)의 본명은 가이우스 옥타비우스 투 리누스(Gaius Octavius Thurinus)였으나, 율리우스 카이사르의 양자로 입적된 후 가이우스 율리우스 카이사르 옥타비아누스(Gaius Julius Caesar Octavianus)로 불렸습니다. 기원전 44년 옥타비아누스는 자신의 외할머니의 남동생인 로마의 통치자 율리우스 카이사르가 암살되자, 카이사르의 유언장에 따라 카이사르의 양자로 입적돼 귀족 후계자가 되었습니다. 기원전 43년, 카이사르 사후에 옥타비아누스는 3두정치하에서 대외적 정벌에 성공하며 로마 공화국을 부활시키고 유일한 통치자가 되어 권력독점에 성공하고 훗날 로마제국으로 불립니다. 그는 권력 분산을 통해 사람들의 존경을 받으며 절대적인 권력을 누렸습니다(로마 역사 참조).

6.4. 하루의 시작점

오늘날에는 자정에서 자정까지를 하루로 정해 하루의 기점을 자정으로 정하고 있습니다. 그러나 하루의 기점을 어디로 정하는가는 세대와 민족에 따라 달랐습니다. 고대 이집트에서는 새벽 동틀 때를, 앗시리아, 바빌로니아, 근대 그리스민족은 해 뜰 때를 기점으로 했습니다. 동이 트는 박명시각을 기점으로 하면 일출시각과 크게는 약 2시간이나 차이가 날 수 있습니다. 또 아테네에서는 해질 때를, 아라비아에서는 정오를, 유대, 고대 그리스, 이탈리아에서는 해질녘을 하루의 기점으로 정하기도 했습니다. 지금도 이슬람 민족은 해질 녘을 하루의 시작으로 합니다. 유럽에서는 기계시계가 발달하기 전 14세기까지 하루의 시작을 새벽으로 했습니다. 그 후 자정으로 변해 오늘날까지 이어져 오고 있습니다. 현대천문학에서도 1924년까지 하루의 시작을 정오로 했지만 지금은 **자정**으로 정해 쓰고 있습니다.

6.5. 요일 속의 수학

한 **주**(周, week)의 첫째 날은 언제일까? 한 주의 업무를 시작하는 월요일을 떠올리기 쉽지만 사실은 일요일입니다. 만국 공통 달력을 보면 일요일이 한 주의 첫날, 그리고 한 주의 끝인 일곱째 날 주말(週末)이 토요일로 되어 있습니다. 현재의 주(week) 개념을 보자면 엿새 일하고 하루 쉬는 것이 아니라 먼저 하루를 쉬고 엿새를 일하는 셈입니다.

왜 첫째 날인 **일요일**이 **공휴일**로 지정되었을까? 문헌상의 기록으로 볼 때 한 주를 7일로 나눈 것은 성서가 최초입니다. 구약성서 창세기에는 "하나님이 엿새 동안 천지 만물을 창조하고 일곱째 날에 쉬었더라"는 내용이 나옵니다. 이스라엘 사람들은 한 주를 구성하는 7일에 대해 '~요일'이라는 말 대신에 '첫째 날, 둘째 날, … 일곱째 날'로 불렀고, 십계명을 따라 '안식일'인 일곱째 날을 신성하게 여겨 아무 노동도 하지 않고 쉬었습니다. 칠일을 주기로 하여 제칠일에 쉬는 것은 이스라엘뿐만 아니라 대부분의 메소포타미아 지역에서 전통적으로 지켜져 내려왔습니다.

요일 이름이 구체적으로 붙은 것은 기독교를 공인한 로마 황제 **콘스탄티누스**가 A.D. 321년 매주의 첫째 날을 휴일로 정하는 법령을 내리면서부터입니다. 일곱 요일의 명칭은 고대인들이 관찰할 수 있었던 태양과 달을 포함한 일곱 행성에서 비롯되었습니다. 고대 바빌로니아에서 유래한 점성술에서는 하루를 24시간으로 나누었는데 이들 일곱 행성이 돌아가며 매 시간을 지배하며, 매일의 첫째 시를 지배하는 행성이 그 날을 지배한다고 생각했습니다.

• 점성가들이 생각한 별들의 운행은 오늘날과 순서가 좀 달랐습니다. 그들의 우주관은 **프톨레마이오스**의 **천동설**과 같았는데, 토성이 지구에서 가장 멀다고 생각했으며, 그 다음이 목성, 화성, 태양, 금성, 수성, 달의 순서였습니다. 그러나 거리와 상관없이 일곱 행성 가운데서도 가장 계급이 높은 신은 태양신이었습니다.

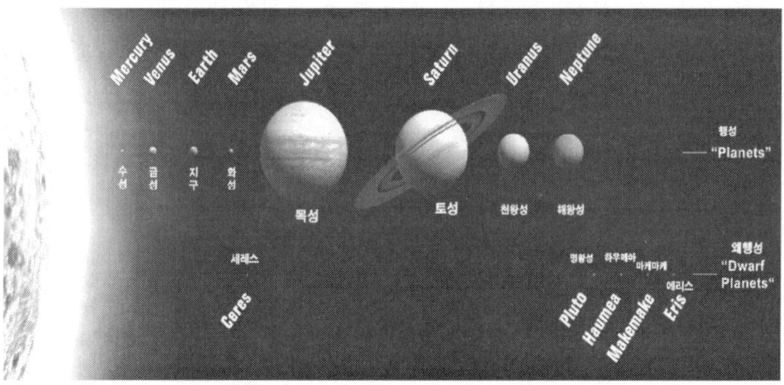

지금까지 알려진 태양계는 태양과 수성·금성·지구·화성·목성·토성·천왕성·해왕성 등 8개의 행성으로 구성돼 있습니다. 명왕성은 2006년 국제천문연맹 회의에서 난쟁이행성(왜소행성) '134340'으로 격하되어 행성의 지위를 잃었습니다. 명왕성보다 훨씬 더 멀리 떨어진 우주공간에서 태양을 돌고 있는 행성(行星)이 최소한 몇 개 더 있는 것으로 추정된다는 연구결과도 있습니다(위키이미지 참조).

6.6. 한 주의 첫째 날은 '태양의 날'

이러한 내용은 로마에까지 전파되었습니다. 콘스탄티누스 황제는 로마의 달력에 유대인들과 기독교인들이 쓰고 있던 일주일을 도입했지만 바벨론의 점성술에 근간을 두고 요일의 이름을 붙였습니다. 황제는 첫째 날을 '태양의 날'로 선포하고 이 날을 예배일이자 공휴일로 정하는 칙령을 내렸으며(A.D. 321년 3월 7일) 둘째 날은 월요일, 셋째 날은 화요일, … 일곱째 날은 토요일로 명명되었습니다. 요일제도는 분명히 기독교인들을 의식하여 시작되었으나 그들을 전적으로 배려한 것은 아니었습니다. 첫째 날(일요일)을 **'태양의 날(sunday)'**이자 공휴일로 정한 것은 당시 로마에서 인기 있던 미트라(태양신)의 교도들을 배려한 색채가 짙었기 때문에 일곱째 날을 예배일로 지켜오던 유대인들과 일부 기독교인들은 이에 반대했습니다. 그러나 로마 교회를 비롯한 교회 지도자들과 미트라교도 등 대다수 로마인들이 황제의 입장을 지지했기 때문에 일요일 휴업령은 제국 내에 서서히 정착되었습니다.

고대의 바빌로니아 인들은 행성에 신이 살면서 우리 인간 세계를 지배한다고 믿었으며, 이 신들은 이 세상에 전쟁과 질병을 일으키고, 가뭄과 기근, 지진과 홍수를 일으키고, 행성들은 인간 개개인의 운명을 결정한다고 생각했습니다. 또 천체들은 신성불가침의 곳으로 인식됐기 때문에 5개의 행성에 태양과 달까지 합한 7이라는 숫자는 매우 신성시됐습니다. 7개의 천체는 우주의 시간과 공간을 지배하며, 각각의 주관하는 날짜를 지배한다고 믿었습니다.

천체들은 제 1일부터 제 7일까지 순서대로 **토성**의 날(토요일), **태양**의 날(일요일), **달**의 날(월요일), **화성**의 날(화요일), **수성**의 날(수요일), **목성**의 날(목요일), **금성**의 날(금요일)을 지배했다고 믿었습니다. 이러한 고대 바빌로니아의 믿음이 후에 그리스도교에 계승됐고 현대까지 이어져 1주일의 순서로 고정됐습니다.

6.7. 12달의 의미

1월 (January) : 과거와 미래를 볼 수 있는 2개의 얼굴을 가진 Janus(문을 지키는 수호신으로 출발을 의미함)에서 따 붙인 것입니다.

2월 (February) : '깨끗이 하다'의 로마 말인 Februa에서 나온 말로 고대 로마에서는 지금의 2월을 1년의 처음 시작으로 했기 때문에 신년을 맞이하기 전에 더러워진 것을 깨끗이 하자는 의미합니다.

3월 (March) : 로마의 군신(전쟁의 신), 농업의 신인 Mars에서 온 것입니다. 고대 로마의 옛 달력으로는 3월이 한 해의 시작이었습니다. 3월은 봄의 시작을 의미합니다.

4월 (April) : '열리다(open)'의 의미인 라틴어 Aperire에서 온 것으로서 자연계의 만물이 열린다는 의미입니다.

5월 (May) : '봄과 성장'의 여신인 Maia에서 붙여진 이름으로 모든 식물이 잘 자란다는 뜻입니다.

6월 (June) : 로마의 신화에 나오는 Jupiter의 아내인 「결혼과 출산의 여신」 Juno에서 붙여진 이름입니다.

7월 (July) : 현재의 태양력을 만든 율리우스 카이사르를 기념하여 그의 이름 Julius로 부터 따온 것입니다.

8월 (August) : 율리우스 카이사르의 조카이며, 로마 제국의 초대 황제인 Caesar Augustus(카이사르 아우구스투스)의 이름에서 따온 것입니다.

9월 (September) : 7(seven)을 나타내는 라틴어 septem에서 따온 것입니다.

10월 (October) : 8(eight)을 나타내는 라틴어 octo에서 따온 것입니다.

11월 (November) : 9(nine)을 나타내는 라틴어 novem에서 따온 것입니다.

12월 (December) : 10(ten)을 나타내는 라틴어 decem에서 따온 것입니다.

마지막으로 month(달)이라는 단어 자체가 moon(달)과 관련이 있습니다. 원래 달이 지구를 순환하는 데 걸리는 시간을 측정했기 때문에 '달month'과 '달moon'은 같은 뿌리에서 나온 것입니다.

Chapter 07

화폐와 우표 속의 수학자

7.1. 화폐 속의 수학자

모든 사람이 일상생활에서 가장 긴요하게 사용하는 것에는 화폐와 우표가 있습니다. 이 화폐와 우표 속에 무엇을 담을 것인가 하는 것은 각 나라의 가치관이나 역사에 따라 정해집니다. 화폐와 우표 속에 수학자가 나오는 나라가 꽤 있습니다. 주로 과학이 발전하고 역사가 깊은 서구 유럽에서의 경우가 대다수라고 할 수 있습니다.

가우스(Gauss, 1777~1855)는 19세기 독일의 수학자로 대수학, 해석학, 기하학 등 여러 방면에서 뛰어난 업적을 남겼습니다. 수학에 이른바 수학적 엄밀성과 완전성을 도입하여, 수리물리학으로부터 독립된 순수 수학의 길을 개척하여 근대 수학을 확립하였습니다. 3차원 유클리드 공간의 곡면에 관한 연구에서 '**가우스 곡률**'이라고 불리는 곡면의 고유한 곡률을 측정하는 방법에 관해서 획기적인 발견을 하였는데, 이 이론에 의하면 곡면 위에서 살고 있으면서도 그 표면이 3차원 공간상에서 굽어져 있는 사실을 모르고 있는 생물이라도 그 곡면에서 적절한 측량을 하면 주어진 점에서 곡면이 얼마만큼 굽어져 있는지를 계산할 수 있다고 합니다.

잉글랜드은행의 새 £ 50 파운드지폐의 새로운 얼굴이 **앨런 튜링**(Alan Turing)으로 밝혀졌습니다. "**컴퓨터** 과학과 **인공 지능**의 아버지이자 전쟁 영웅인 앨런 튜링의 공헌은 광범위하고 길을 깬 것입니다. 튜링은 지금 많은 사람들이 어깨를 짊어진 거인입니다" 컴퓨터 개척자이자 코드 브레이커인 앨런은 제2차 세계대전에서 연합군에게 필수적인 것으로 입증된 코드 크래킹작업으로 유명합니다. 잉글랜드 은행의 지폐 유통 수치에 따르면 50파운드지폐는 3억 4,400만 파운드의 지폐가 유통되고 있으며 총 가치는 172억 파운드라고 합니다(BBC 참조).

Carl Friedrich Gauss (1777-1855)

German Federal Republic (1955), No. 725

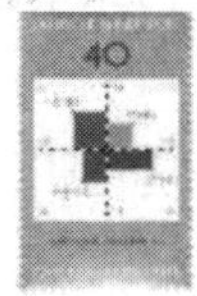

Carl Friedrich Gauss (1777-1855)

German Federal Republic (1977), 1246

Carl Friedrich Gauss (1777-1855)

German Federal Republic (1977), No. 1811

Carl Friedrich Gauss (1777-1855)

French Antartica (1984), No. c84

> 맨 위는 독일10마르크에 나온 가우스. 가우스는 그 외에도 서독과 프랑스령 화폐에도 자주 발행되었습니다(Wake Forest 대학의 Jim Kuzmanovich 수학과 교수의 블로그 참조).

7.2. 우표 속의 수학자

우표 속의 수학자는 수백 종에 이르는 만큼 화폐보다 훨씬 주제나 형태도 다양하고 종류도 많습니다. 그리고 세계의 많은 나라에서 우표 속에 수학자나 수학과 관련한 것들을 기념하여 발행했습니다. 수학자 중에서는 뉴턴이 우표에 많이 등장하는데 100종이 넘는다.

가장 재미있는 것은 수학과 관련한 우표만을 수집하는 사람이 많이 있고, 이런 사람들로 구성된 취미 클럽도 있다는 것입니다. 대표적인 모임이 '**수학공부유니트**(Mathematical Study Unit)'라는 것으로, 수학과 관련된 우표를 모으는 일을 취미로 하는 수백 명의 회원이 서로 정보를 교환하고 서로 도움을 주고받고 합니다.

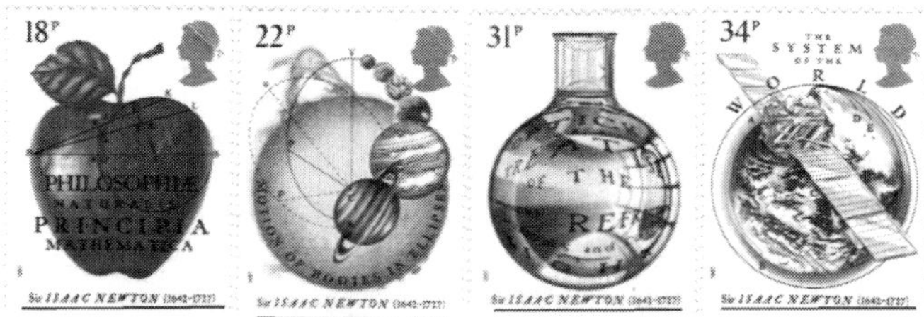

1987년 영국에서 **뉴턴**(Newton, 1643-1727)을 기리기 위해 발행한 4개의 우표입니다. 코페르니쿠스 다음으로 전 세계 각국에서 가장 많은 우표에 나오는 인물이 뉴턴입니다(Wake Forest 대학의 Jim Kuzmanovich 수학과교수의 블로그 참조).

구글에서 "**화폐 속의 수학자**(mathematicians on currency notes)"를 찾으니 위와 같이 많은 수학자가 화폐 속에 등장하고 있습니다(구글 참조).

로빈 윌슨은 **'우표 속의 수학**(Stamping through Mathematics)'라는 책을 쓰기도 했으며, 우리나라에도 번역되어 출간까지 되었습니다. 고등학교 수학교사인 제프 미러는 '우표 속에 나타난 수학자의 이미지'라는 웹사이트를 운영하며 수학자 별로 전세계에서 발행된 우표의 이미지를 인터넷상에 모두 올려놓았으며, 계속적으로 새로 수집한 우표의 이미지를 업데이트시키고 있습니다.

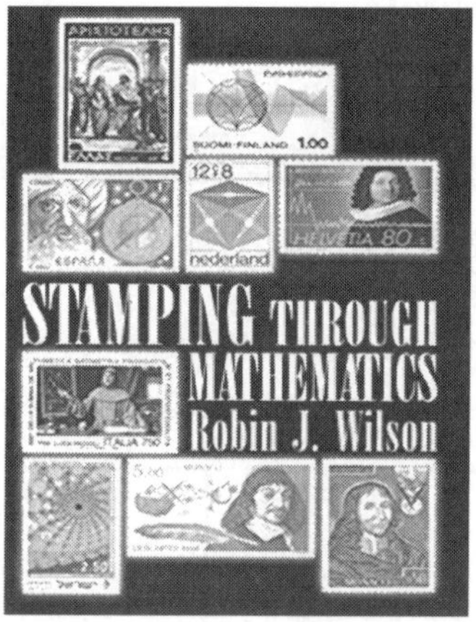

로빈윌슨이 2001년에 발간한 <우표 속의 수학>표지

우표와 관련된 또 하나의 유명 사이트는 미국 버팔로 대학의 과학기술도서관에서 운영하는 '우표 속에 나타난 과학의 발전사' 라는 인터넷 사이트로서 수학뿐만 아니라 다른 과학분야의 우표까지도 이미지로 올리고 있습니다.

우리나라에서는 2000년에 발행된 국제수학올림피아드 서울 개최를 축하하는 기념우표가 유일한 수학 관련 우표입니다. 북한에서는 수학 관련 우표가 우리보다 여러 번 발행 되었으며, 특히 아이작 뉴턴을 기념하는 우표가 많이 발행되었다고 합니다.

흥미 있는 우표 중에는 1971년 니카라과에서 발행된 '인류역사를 바꾼 **열 가지 수학 공식**'을 적은 우표입니다. 이 밖에도 수학 관련 우표는 전세계적으로 1천 종류가 넘으며 우리나라에서도 수학에 관한 화폐와 우표가 다양하게 발행되는 날을 기대해 봅니다.

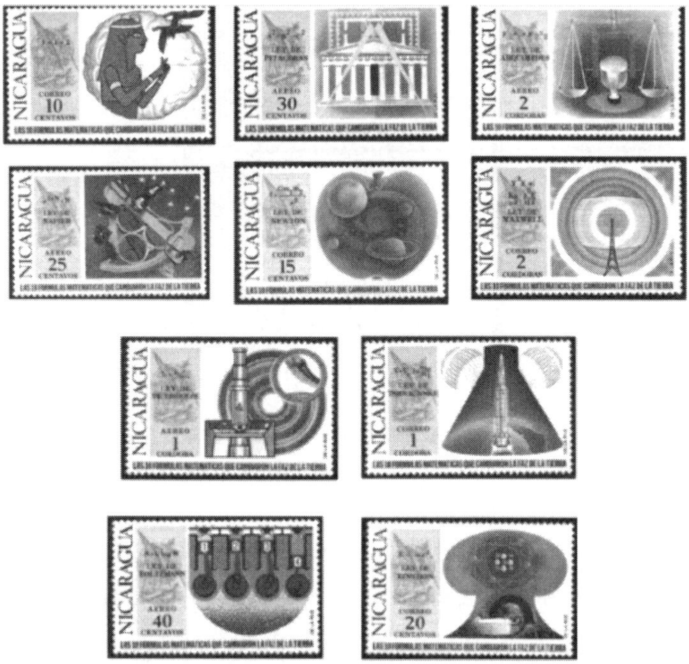

니카라과정부가 1971년에 발행한 "세계를 바꾼 10가지 방정식"을 담은 우표시리즈입니다(EBSmath 참조).

Chapter 08

3대 작도(作圖) 불가능 문제

고대 **그리스인**들은 눈금 없는 **자**와 **콤파스**만으로 작도하는 것을 신성시하였습니다.

최근에는 컴퓨터 소프트웨어를 이용하여 3차원 도형까지도 실제보다 더 그럴 듯하게 그리는 세상이 되었으니 작도를 한다는 일에 크게 비중을 두는 사람은 수학자 외에는 별로 없을 것 같습니다. 그러나 고대 그리스인들은 세상에서 가장 정확한 것은 수학이라 생각하였고, 그 중에서도 특히 기하학이라 생각했습니다. 또 그리스인들은 기하학적인 도형에서 아름다움을 찾았고, 기본적인 것은 직선과 원이며, 따라서 기하학에서는 직선을 그리는 자와 원을 그리는 컴퍼스만을 사용하여 도형을 그려야 한다고 생각했지요. 이렇게 도구를 제한해 놓고 보니 문제를 푸는데 어려움이 따랐고 특히 다음 세가지는 작도가 쉽지 않아 수학의 3대 난문제라 하여 이천년 이상 수학자들을 심기일전하게 했습니다.

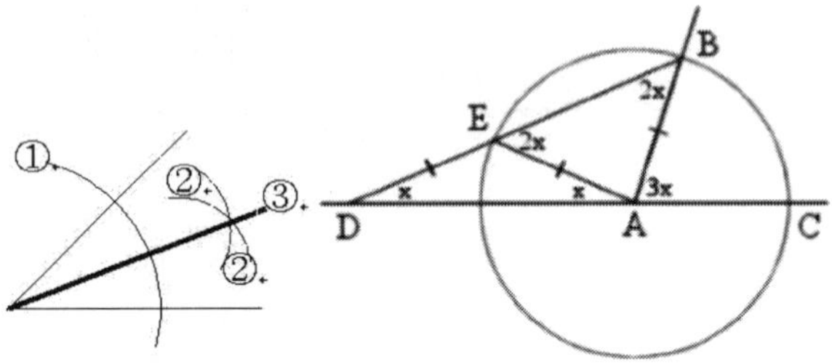

그리스인들의 눈금 없는 자와 컴퍼스만으로 그린 도형을 신성시 하면서 도형을 그리는 과정입니다.

8.1. 3대 작도 불능문제

그리스인들은 이성적이고 논리적인 사고를 중시했던 사람들이었습니다. 그들은 실용적인 가치보다도 바른 지식 체계를 중요시했기 때문에 의외로 쉽게 풀 수 있는 문제를 어렵게 푸는 경우도 많았습니다. **3대 작도 불능문제** 도 기하학의 발달에 큰 영향을 미쳤습니다. 그리스 인들은 굳이 자와 컴퍼스만으로 작도하는 것을 강조하고 있는데, 그것은 그들이 작도하기 가장 간단한 도형을 성시(聖視)하고 기술적인 도형(타원, 쌍곡선, 포물선이나 그 외 기계를 사용해서 그릴 수 있는 도형)은 천한 것으로 생각했기 때문입니다. 결국 그들은 자로 그을 수 있는 직선과 컴퍼스로 그릴 수 있는 원만을 사용하여 작도하는 전통을 가지게 되었습니다. 그러한 전통의 시작은 플라톤 때부터였는데 플라톤의 말 "자와 컴퍼스 이외의 다른 작도 방법은 기하학의 장점을 포기하고 파괴하는 것이다. 그것은 기하학을 영원한 사상의 영상(映像)으로 드높이기는커녕 오히려 이것을 다시 감각의 세계로 끌어내리기 때문이다"로 인한 것입니다. 그리스의 대표적인 수학자 피타고라스도 입체도형 중 가장 아름다운 것은 구이고 평면도형 중 가장 아름다운 것은 원이라고 강조하였습니다. 그러한 사고의 영향으로 당시의 종교적 상징인 건축물에는 원과 직선이 많이 사용되고 있습니다. 그러나 **눈금이 없는 자와 컴퍼스만으로 작도**해야 한다는 제약은 많은 수학자들을 괴롭혔으며 이 세 가지 문제를 풀기 위한 왕성한 연구는 그리스의 기하학에 깊고 큰 영향을 미쳤습니다. 또한, 원추곡선(원, 쌍곡선, 포물선 등), 3차곡선, 4차곡선 등 풍부한 발견을 이끌어 냈으며 나중에는 대수적인 부분에까지 영향을 미쳤습니다.

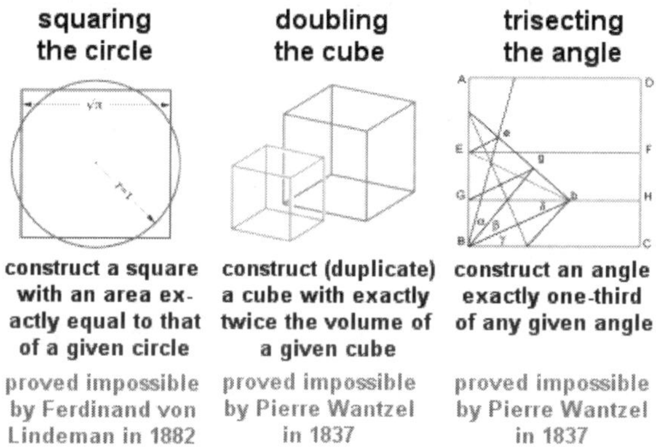

세 가지 그리스 고전 문제(난제)와 불가능의 증명 결과

그러면 그 **3대 작도 불능문제**는 무엇일까요?

(1) **임의의 각**을 삼등분하는 문제.

(2) 주어진 **정육면체의 2배의 부피를 갖는 정육면체**의 한 변의 길이를 작도하는 문제.

(3) 임의의 **원과 면적이 같은 정사각형**을 작도하는 문제.

• 첫 번째 문제에 대하여 알아봅시다. 자와 컴퍼스만을 유한번 사용하여 임의의 각을 삼등분하는 문제입니다. 각을 이등분하는 것은 기하학에서 가장 초보적인 작도입니다. 각의 삼등분도 직각의 경우에는 쉽게 할 수 있습니다. 그래서 직각이 아닌 각의 삼등분도 쉽다고 생각할 수 있지만 생각과 같이 쉽지 않은 문제입니다. 이 문제는 19세기에 와서야 작도할 수 없다는 것이 증명되었습니다.

그리스 기하학은 결과만을 중요시하지 않고 결과에 이르는 방법을 더욱 중요하게 생각하였습니다. 각을 삼등분하는 것만이 문제가 아니었던 것입니다. 실제로 19세기에 이 문제가 풀리기 전까지 온갖 기구를 고안하여 각을 삼등분한 사람들은 무척 많았다고 합니다. 그러나 그리스로부터의 유럽 수학의 전통은 결과보다는 방법을 연구하는데 치중해왔기 때문에 19세기에 와서야 이 각을 작도할 수 없다는 것을 알아낸 것입니다.

• 두 번째 문제에 대해 알아봅시다. 정육면체의 부피를 2배로 할 수 있는가에 관한 문제의 발단에 대한 이야기는 2종류가 있습니다. 하나는 고대 그리스 시인으로부터 비롯되었다는 것인데 미노스 왕이 그의 아들 글라우쿠스를 위해 세운 묘비의 크기에 불만스러워 했다고 표현한 대사에서 그 문제가 나타났다고 합니다. 미노스는 묘비의 크기를 두 배로 하라고 그 시인에게 명령했는데, 이 때 시인은 묘비의 각 변의 길이를 두 배함으로써 묘비를 두 배로 만들 수 있다고 말하였습니다. 이 잘못된 생각이 기하학자들로 하여금 부피만 두 배로 늘리는 것이 어떻게 가능한가 하는 문제에 빠져들게 하였습니다. 이 문제도 19세기 이후에야 작도 불가능이 증명

되었습니다.

또 하나의 이야기는 기원전 400년에 아테네에 전염병이 퍼져서 수많은 시민이 죽었습니다. 아테네 시민들은 평소 숭배하는 **텔레스**의 신전 앞에 공물을 바치면서 기도를 올리고 병마를 쫓아줄 것을 빌었습니다. 이에 텔레스 신은 "정육면체의 제단을 두 배의 부피가 되도록 만들면 병마를 깨끗이 쫓아주겠다"라고 했습니다. 시민들은 각 모서리의 길이를 두배로 늘려 새로 제단을 만들어 신전에 바쳤습니다. 그러나 유행병은 더욱 창궐하였습니다. 시민들이 항의하니 신은 꾸중하기를 "내가 언제 여덟 배나 되는 신전을 원했더냐? 두 배가 되는 것을 만들어 달랐지" 그제야 시민들은 부피가 여덟 배로 늘어난 것을 알았습니다. 그러면 이 문제는 19세기에 어떻게 해결되었을까요? 이 문제가 자와 컴퍼스만으로는 풀릴 수 없다는 것은 여러 책에 증명되어 있는데 그 내용 중의 하나는 "유리근을 갖지 않는 3차 방정식의 근을 크기로 하는 선분을 작도할 수 없다"는 것입니다. 처음 "정육면체는 한 모서리의 길이가 1이라면 부피도 1이다. 구하려는 정육면체의 한 모서리의 길이를 x라 하면 x의 세제곱이 2가 되어야 한다. 그런데 세제곱해서 2가 되는 수는 유리수 중에 없으므로 유리근을 갖지 않는 3차 방정식이다. 따라서 한 모서리의 길이가 x 인 정육면체의 길이는 작도할 수 없는 것이다"입니다. 아직까지 이 세상에 전염병이 있는 것을 보면 아직 이 문제가 풀리지 않았나 싶습니다.

• 세 번째 문제에 대해 알아보겠습니다.

임의의 원의 면적과 같은 면적의 정사각형을 구하는 문제가 발생한 것은 곡선으로 되어 있는 논과 밭을 직선 도형으로 쉽게 고칠 수 있게 하기 위한 것이었습니다. 그래서 이 문제는 인간이 기하학을 생각하기 시작한 초기에 탄생한 문제로 생각됩니다.

8.2 . 유클리드의 기하학원론(Euclid's Elements of Geometry)

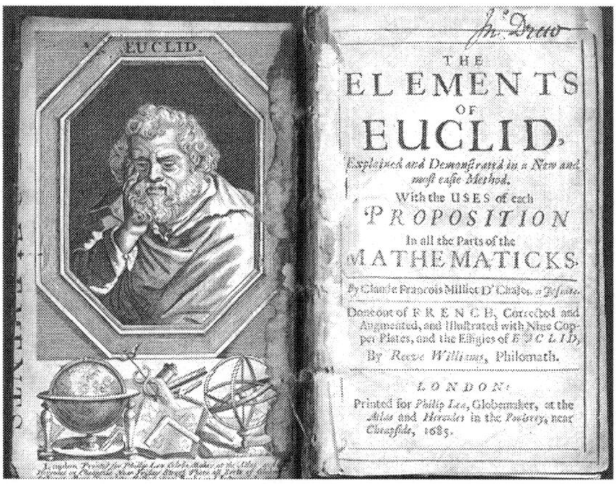

유클리드의 원론(1685년에 영국에서 출판한 것). "원론"은 중세의 암흑기에도 살아남아 2천년 넘게 기하학과 수학에 대한 결정적인 교과서로 남아있었습니다. 논리적 추론에 따라 항상 수학적 논증의 모델을 설정했습니다. "원론"은 피타고라스, 히포크라테스 등 당대에 알려진 모든 수학에 대한 명쾌하고 포괄적인 작품의 편집 및 설명으로 465개의 정리와 증명이 포함되어 있습니다.

3가지의 작도문제를 연구하면서 얻은 부산물은 작도법의 발달, 히피아스의 곡선, 유선형의 콩코이드(Concoid)곡선, 원추곡선에 대한 연구, 제도 기구의 발명 등이 그것입니다. 생각하지도 않았던 곳에서 쏟아져 나온 이 지식들은 수학의 발달에 큰 도움을 주었습니다. 그러한 부산물이 아니더라도 우리는 그리스 인들의 사고를 결코 우습다고 무시해서는 안됩니다. 자와 컴퍼스만을 고집했듯이 실용적인 것보다는 논리적이고 합리적인 지식 체계를 원했던 그들의 노력은 '**유클리드의 원론**(The Elements of Euclid)'과 같은 위대한 결과들을 남겼습니다. 그러한 것들이 당장은 쓸데없어 보이지만 그 기초 위에 더욱 복잡하고 어려운 것들을 쌓아올려 현대 과학 문명을 만들었다는 것을 생각해보면 그들의 고집스런 사고 방식에 고마움을 느끼게 됩니다.

Chapter 09

공 쌓기의 비밀인 케플러의 추측

요하네스 케플러는 태양을 중심으로 공전하는 행성의 궤도를 발견한 독일 출신의 천문학자 겸 수학자로 '케플러의 법칙(Kepler's laws)'으로 많이 알려져 있습니다.

1611년 독일의 천문학자 **요하네스 케플러**(Johannes Kepler, 1571-1630)는 공을 가장 조밀하게 쌓는 방식은 오렌지나 사과를 쌓을 때 쓰는 방식과 동일하다는 추측을 내놓았습니다. 그 후 400년 동안에도 이를 수학적으로 확실하게 증명하지 못했는데 1998년에 와서 미국 미시건대학교의 젊은 수학자 **토머스 헤일즈**(Thomas Hales) 교수가 증명에 성공했습니다. 증명과정의 상당부분을 컴퓨터에 의존했다고 하며 익숙한 3차원의 문제를 증명하는데도 만만치 않은 세월이 걸린 셈입니다. "공을 가장 밀도 높게 쌓으려면 각각의 공이 12개의 공에 의해 둘러싸이도록 하는 배열일 것이다"라고 케플러가 최초로 이런 추측을 내놓았을 당시만 해도 그렇게 어려운 문제라고는 생각지 않았으나 결국 페르마의 마지막 정리와 더불어 가장 유명한 풀리지 않은 수학의 난제로 인정되었습니다.

9.1. '육방밀집쌓기'가 가장 밀도 높아

1차원 공간에서 가장 밀도가 높도록 **구**(sphere)+를 놓는 방법은 무엇일까? 이 경우 1차원 직선이니까 성냥을 쌓듯이 서로 맞대어 놓은 방식으로 하면 100퍼센트의 밀도를 얻습니다. 너무 명백하기 때문에 수학자의 증명을 요구하지 않습니다. 2차원의 경우는 어떨까요? 평면에 구를 놓은 방법은 동전을 밀도 높게 배치하는 방법과 같은 것으로 각 동전들이 6개의 다른 동전들로 둘러싸이도록 배열하는 것입니다. 이 배열의 밀도는 대략 90%입니다. 동전을 정사각형으로 배열했을 때의 밀도 79%에 비해 훨씬 효율적이나 무한평면(경계가 없는 평면)에서의 가정입니다. 그러면 정말로 정육각형보다 밀도가 더 높은 배열은 존재하지 않는 걸까요? 후에 조제프 루이 라그랑주(Joseph Louis Lagrange, 1736-1813)는 정육각형 배열이 밀도가

+ n-차원 구는 (n+1)-차원 유클리드 공간에서 한 점에서 길이가 일정한 점들의 모임입니다. 1차원 구는 원, 2차원 구는 공입니다.

가장 높은 격자쌓기임을 실질적으로 증명했습니다.

• 3차원에서 가장 밀도가 높게 **구**(sphere)를 쌓은 방법은 무엇일까요? 케플러는 가장 밀도가 높게 구를 쌓는 방법은 시장 상인들이 사과나 오렌지, 또는 멜론을 쌓을 때처럼 최대한 촘촘하게 채우는 것이라고 결론 지었습니다. 멜론이 정육각형일 경우 차곡차곡 쌓으면 밀도를 100%할 수 있을 것입니다.

수학자 토마스 헤일즈 교수(Thomas Hales)와 최적의 구체를 쌓는 방법 실험. 청과물 상인은 해결법을 알고 있다는 400년 된 케플러 추측. 오렌지를 쌓고 싶다면 가장 효율적인 방법은 더 높은 층의 과일이 아래 층 사이의 틈에 놓여있는 피라미드입니다. 이것이 밀도가 높은 가장 좋은 방법이라는 것을 증명하는 데는 400년 이상이 걸려서 증명 되었습니다(mathscareers.org.uk 이미지 참조).

그러나 멜론과 같은 과일들은 대부분 수분 손실을 될 수 있는 한 최소화하기 위해서 표면적이 가장 작은 둥근 모양으로 진화했습니다. 무게는 같지만 정육면체 모양과 둥근 모양의 멜론의 표면적을 비교해 보면 둥근 모양의 멜론의 표면적이 20% 적습니다. 첫 번째 켜는 2차원에서 배열하듯이 하고, 두 번째 켜에서는 오목한 곳에 멜론을 쌓고 다음 오목한 곳은 비워놓고, 그 다음 오목한 곳에 멜론을 올려놓습니다. 이런 식의 쌓고 비워놓고, 쌓고 비워놓고의 방식을 "**육방 밀집 쌓기**(Hexagonal Close Packing, HCP)라고 하는데 밀도는 74.05%에 달하며 3차원에서 가장 밀도가 높은 쌓기 방식입니다.

케플러는 눈송이, 석류 등의 모양을 연구했습니다. 그리고 그는 벌집 모양에도 관심이 있었습니다(matematicasvisuales.com 참조).

• **케플러**는 석류씨에 대해 살펴본 후 석류씨가 12개의 면을 지닌 입체 마름모꼴이라는 사실을 알게 되었습니다. 그는 석류 안에서 씨들이 서로 밀착하게 되면 이런 형태로 변하게 된다고 추측했고, 그의 이런 추측은 옳았습니다. 씨가 아주 작을 때는 둥근 모양을 하고 자유롭게 떠다니지만 점차 커져 공간이 부족해지면서 각각의 씨는 12개의 다른 씨와 맞닿도록 배열을 이루게 됩니다. 이러한 사실은 케플러 이후 100년도 더 지난 후인 1727년에 영국의 식물학자 스티븐 헤일즈에 의해 다시금 확인되었습니다.

9.2. 공을 가장 밀도 높게 쌓기

케플러는 어떤 논증도 없이 씨앗들은 가장 밀도가 높은 방식으로 자연스럽게 배열된다고 믿었고, 여기에서 출발하여 유명한

케플러의 추측(Kepler's conjecture)이 등장합니다. 각각의 구가 다른 12개의 구에 의해 적절한 방식으로 둘러싸이도록 하면 밀도가 가장 높은 배열을 얻게 된다는 주장입니다.

9.3. 컴퓨터 활용한 헤일즈의 증명

1998년 8월9일 일요일 아침, **토머스 헤일즈**(Thomas Hales) 교수는 증명을 완료했습니다. 그는 자리에 앉아 마침내 케플러 추측이 해결되었다는 내용의 이메일 편지를 전 세계 동료 수학자들에게 발송했습니다.

> 친애하는 동료학자들에게,
>
> 본인은 가장 오래된 이산기하학 문제인 케플러 추측을 증명했으며, 이를 일련의 논문으로 정리하여 배포하기 시작했습니다. 다른 이의 논문에 인용된 적이 없고, 또 아직 학술지에 투고하지 않았기 때문에 본인의 결과를 확정된 것이라고는 할 수 없겠지만, 그래도 제 소견으로는 본 증명은 완벽한 것이라고 믿고 있습니다. ……

그는 5년의 산고 끝에 결실을 맺게 되었던 것입니다. **헤일즈와 퍼거슨**(Hales and Ferguson)은 원래 1998년에 증거를 발표했지만 해결책이 너무 길고 복잡해서 수십 명의 심판으로 구성된 팀이 증명을 확인하기까지 수년을 보냈습니다. 헤일스가 증명을 발표한 이후로 부정적인 목소리들이 여기저기서 터져 나왔습니다. 반대의 목소리를 높이는 사람들은 **엔드류 와일즈**가 증명한 **페르마의 마지막 정리**의 증명은 아름답고 우아하며 높은 품격을 지니고 있는데 반해, 헤일즈의 증명은 컴퓨터를 이용한 완전히 다른 모습이라고 비꼬았습니다. 어떤 수학자는 와일즈의 페르마 정리 증명을 **톨스토이**의 〈전쟁과 평화〉에 견준다면, 헤일즈의 케플러 추측 증명은 전화번호부에 견줄 수 있다고 혹평했습니다. 그러나 헤일즈 자신은 "1998년 증명에 컴퓨터를 사용한 이유는 다른 대안이 떠오르지 않았고, 최근 들어 컴퓨터를 활용한 증명은 수학 발전에 매우 필수 불가결하다는 생각을 나는 갖고 있다" 고 말했습니다.

멀쩡한 정리가 언제 갑자기 오류로 판명이 나게 될 지는 아무도 알 수 없는 노릇입니다. 오류가 발견되면 그 증명은 지체 없이 폐기 처분됩니다. 하지만 오류가 발견되지 않는다 해도 정리의 옳음은 단지 추정일 뿐이지요. 그런데 시일이 얼마간 지나고 나면 아무도 오류를 발견하지 못했다는 이유로 그 증명은 옳은 것이라고 믿기 시작합니다. 케플러의 추측 증명도 마찬가지일 것입니다.

우리는 위의 예에서와 같이 집안정리 할 때 물건을 쌓는다든지, 상인이 상자에 물건을 담는데도 수학이 도처에 산재함을 알 수 있습니다.

Chapter 10

자연 속의 황금비 (Golden Ratio)

10.1. 황금수

$$\Phi = \text{Phi} \approx 1.618$$

The Golden Number

황금비율(Golden Ratio)은 인간의 정서와 관계가 있습니다. 인간은 황금분할의 비율을 보고서 가장 안정적이며 편하게 느끼며, 황금비를 갖춘 조형물이나 예술품에서 가장 아름다움을 느낀다고 합니다. 황금비율이란 무엇인가요? 황금비율(1.618034)은 종종 그리스 문자 Phi(ϕ 파이) 로 표현됩니다. 황금비의 가장 근접한 값은 Phi(ϕ 파이)의 소수점 자리수 즉 0.618034입니다.

그러면 황금비율의 비밀과 신비 속으로 들어가 볼까요?

지금까지 남아 있는 유물 중 황금분할을 적용한 가장 오래된 예가 기원전 4700여 년에 건설된 피라미드인 점으로 미루어 보아 인류가 **황금분할**(golden section, golden cut)의 개념과 효용가치를 안 것은 훨씬 그 이전부터일 것이라는 추측이 가능합니다. 이집트인들이 발견한 황금분할의 개념과 효용가치는 그 뒤 그리스로 전해져 그리스의 조각, 회화, 건축 등에 철저히 적용되었습니다. 결국 '황금분할(Golden Section)' 또는 '황금비율(Golden Ratio)'이라는 명칭도 그리스의 수학자 에우독소스(Eudoxos, BC408?BC355?)에 의해 붙여지게 되고 황금비율을 나타내는 파이(ϕ, 1.6781)도 이 비율을 조각에 이용하였던 피디아스(Phidias)의 그리스 머리글자에서 따왔습니다.

대피라미드의 바닥은 230.4미터(755.9 피트)이고 원래 높이는 146.5미터 (480.6 피트)입니다. 이것은 또한 0.636의 높이 대 기본 비율을 생성하는데, 이는 이것이 실제로 골든 트라이앵글임을 나타냅니다.

등식의 형태로 나타내면 A:B=B:(A+B)가 되며 이것이 바로 황금분할 또는 황금비율의 등식이며 일반적으로 황금비율을 말할 때는 0.618 또는 1.618을 의미합니다.

그러므로 황금분할이라 함은 전체 속에서 두 개의 크기가 다른 부분 사이의 독특한 상호관계이며 황금분할이란 용어는 이 비율

관계의 절묘함에서 나온 말입니다.

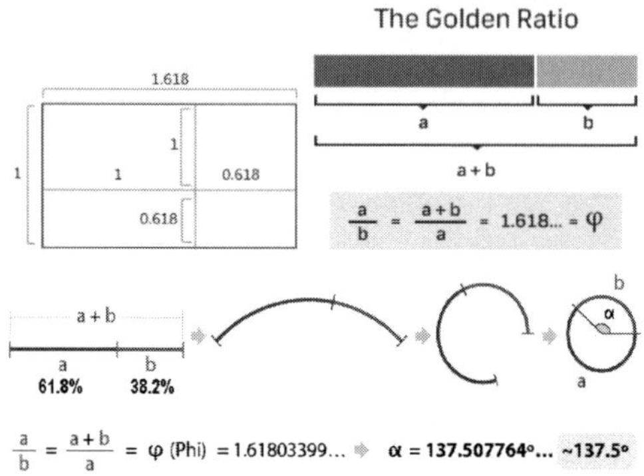

> 어떤 주어진 선이 있다고 합시다. 이 직선 상에서 A:B=B:(A+B)의 등식이 충족되게 나눌 수 있는 점은 오직 한 점이며 이 점을 황금분할의 점(전체의 61.8%에 해당하는 점)이라 합니다.

10.2. 피보나치의 수열(Fibonacci Sequence)

수열 중에서 1, 1, 2, 3, 5, 8, 13, 21, 34 …… 로 나가는 피보나치 수열은 황금비율을 이루는 대표적인 예입니다. 최초의 두 항 이후의 항은 모두 앞선 두 항의 합으로 되어 있습니다. 한 쌍의 쥐가 매월 한 쌍의 쥐를 낳고, 태어난 한 쌍의 쥐가 다음 달부터 한 쌍의 쥐를 매월 낳기 시작한다면, 처음 한 쌍의 쥐로부터 1년간에는 합계 몇 쌍의 쥐가 태어날 것인가? 라는 문제는 **피보나치 수열**(Fibonacci Sequence)의 원형인데 연속되는 두 수의 비율을 생각해봅시다.

1/1 = 1, 2/1 = 2, 3/2 = 1 · 5, 5/3 = 1 · 666…, 8/5 = 1 · 6, 13/8 = 1 · 625, 21/13 = 1 · 61538… 즉 연속적인 피보나치 수열의 비율이 점점 Phi에 가까워짐을 확인할 수 있습니다.

피보나치 수열을 이용하여 황금직사각형을 작도한 후 꼭지점을 연결하면 아름다운 **황금나선**(golden spiral)이 드러나는데 앵무조개의 형상과 꼭 같습니다.

앵무조개는 황금비인 동시에 피보나치수열의 황금나선을 가지고 있습니다. 피보나치 수는 무엇입니까? 이탈리아 피사에서 태어난 레오나르도 피보나치(1170-1250 AD)가 발견한 피보나치 수열은 1, 1, 2, 3, 5, 8, 13, 21, 34, 55, 89, 144, ... 여기서 각 숫자는 앞의 두 숫자의 합입니다. 따라서 1 + 1 = 2, 1 + 2 = 3, 2 + 3 = 5, 3 + 5 = 8, 5 + 8 = 13 등. 시퀀스에서 34보다 큰 값의 경우 두 연속 숫자 간의 비율은 1 : 1.618 또는 황금비율입니다(british-israel.us 이미지 참조).

• 꽃의 꽃잎 속에서도 파이의 비율을 발견할 수 있으며 우리가 느끼는 아름다운 화음에서도 이 비율이 적용된다고 합니다. 심지어 우리가 일반적으로 볼 때 아름답다고 느껴지는 몸매를 가진 팔등신의 여인들도 확인해 보면 그들의 몸 전체에서 배꼽의 위치가 발바닥에서부터 정확히 몸 전체의 61.8%에 해당된다고 합니다.

선인장, 솔방울, 데이지꽃, 해바라기 등 시계 방향 혹은 시계반대방향으로 움직이는 나선이 있으며 우아한 회전곡선은 중심으로부터의 거

리와 비교할 때 1 : 1.618의 비율이 되며, 발산 각도가 137.5도 정도로 다양합니다. 그들은 완벽하게 수학적 황금비율로 만들어졌습니다(british-israel.us 이미지 참조).

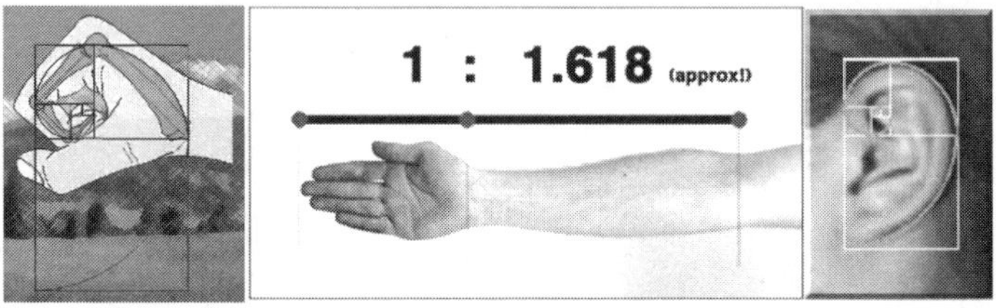

각 손가락의 끝에서 손목 밑 부분까지의 각 손가락 부분은 이전 부분보다 약 1.618의 피보나치 비율만큼 큽니다. 손에 대한 팔뚝의 비율도 1.618, 즉 신성한 비율이므로 손은 팔뚝과 관련하여 황금 부분을 만듭니다. 귀의 형상도 황금나선구조를 가졌습니다(british-israel.us 이미지 참조).

• **레오나르도 다빈치**(Leonardo Da Vinci)는 발가락에서 머리 꼭대기까지 인체의 총높이와 발가락에서 배꼽 움푹 들어간 곳까지의 높이가 황금 비율이라는 것을 발견했습니다. 또한 발가락에서 배꼽까지, 배꼽에서 머리 꼭대기까지의 높이도 황금 비율입니다. 실제로 독일 뮌스터의 파스칼 체육관에서 학생 207명을 측정한 결과 사실로 확인되었으며, 첫 번째 비율 평균은 1.618, 두 번째 비율은 1.619를 얻었습니다. 이 값어치는 비슷한 연령대의 소녀와 소년 모두에게 적용되었습니다. 이 실험의 결과는 **앤토니 데이비스**(T. Antony Davis)와 **루돌프 알티보트**(Rudolf Altevogt)의 **"인체의 황금 비율**(Golden Mean of the Human Body)"에 나와 있습니다.

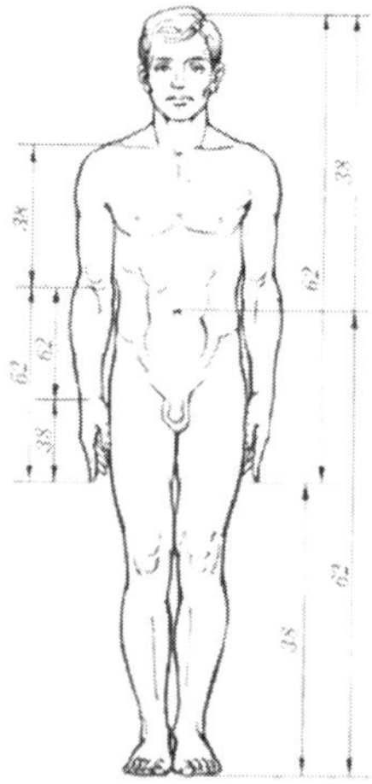

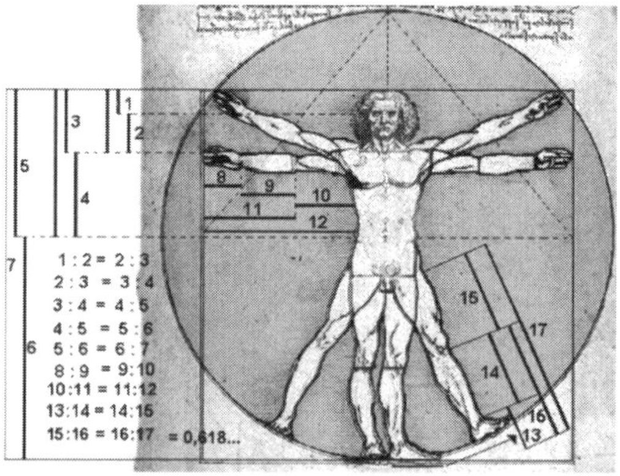

Marcus Vitruvius Pollio, the first century Roman architect and writer, said,"the height of a well-proportioned man is equal to the span of his outstretched arms, these two equal measures yield a square which encompasses the whole body, while the hands and feet touch a circle, centered upon the navel."

완벽한 몸매의 8등신은 거의 황금비율 구조를 갖습니다. 레오나르도 다빈치가 그린 인간 몸의 황금비율(british-israel.us 참조).

10.3. 우주질서의 비밀을 푸는 열쇠 : 파이

그렇다면 왜 **파이**(Phi)가 인간에게 호감과 조화감을 줄까요? 그 이유는 아직 과학적인 설명은 어렵습니다. 일부 사람들은 이런 숨겨진 현상을 자연적인 우연이라고 믿고 싶을 수도 있을 것입니다. 그러나 이러한 우연이 규칙성을 갖고 반복한다면 그 우연은 평범한 우연이 아닐 것입니다. 분명히 파이는 인간의 심리에 영향을 미치는 보이지 않는 질서가 있습니다. 이러한 인식은 **'모든 것의 근원은 수'**라고 생각했던 고대 **피타고라스**(Pythagoras) 학파의 사람들에게는 경이적인 당연한 사실로 받아들여졌으며 파이(61.8%) 안에서 우주질서의 비밀을 느꼈을 것입니다.

그들은 파이를 단순한 숫자로 생각하기 보다는 신성한 하나의 상징으로 인식했고 파이로 말미암아 숫자의 신비스러움에 대한 그들의 신뢰를 높여 주었습니다.

• 황금분할의 비율이 내재된 오각형별을 피타고라스 학파의 상징으로 삼고 자신의 특성을 보존하면서 전체의 더 큰 형태에 융화되는 황금분할의 특징처럼 구성원들이 모든 사치를 금하고 검소한 생활을 하며 사회적으로 의료시술 등의 봉사활동을 하는 등 전체사회 구성원으로서 자신의 위치를 조화시켜 나갔습니다.

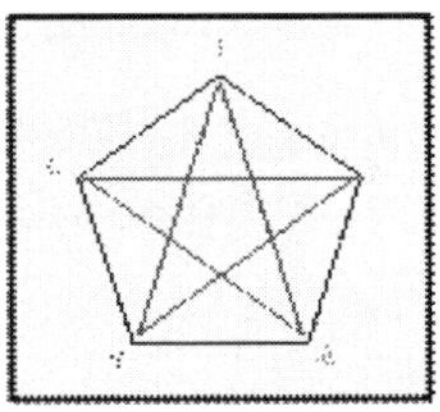

피타고라스 오각형 펜터그램

역사적으로 살펴봅시다. 옛날에는 대체로 도형을 신비적으로 생각하였는데, 우주의 상징으로 정 12면체를 중요시한 피타고라스는, 정 12면체의 각 면이 합동인 정 5각형으로 되어 있다는 데 주목했습니다. 그는 정 12면체를 소중히 생각했고 그 한 면인 정 5각형을 관찰했습니다. 그래서 정 5각형의 각 변을 연장시키면 소위 **펜터그램**(Pentagram)이라는 별 모양의 5각형이 생기는데 그 아름다움에 감동한 피타고라스는 그것을 자기 학교의 휘장으로 삼을 정도였습니다. 그는 자화상의 오른손에 피라미드(황금분할이 적용된 극명한 예)를 그려 넣고 '**우주의 비밀**(The Secret of the Universe)'이라는 문장을 새겨 넣었습니다. 그는 그렇게 함으로써 황금분할이 우주의 비밀을 푸는 열쇠라는 사실을 보여주려 했으며 황금분할의 발견을 그의 인생에 있어서 가장 큰 업적으로 남기려 했음을 볼 수 있습니다.

• 이런 사실은 피타고라스에게만 한정된 것이 아니고 그 후에도 별 모양의 5각형은 신비로운 권력과 성질을 갖는 것으로 믿고, 귀신을 물리치는 부적이나, 마귀와 악몽을 피하는 부적으로도 이용되어 왔습니다. 피타고라스 다음으로 **플라톤**(Plato)은 황금 분할은 자연계의 형을 아름답게 하는 방법 중 가장 완전한 것이라고 서술하였습니다. 그러나, 황금분할에 관해 가장 유명한 것은 플라톤과 동시대의 학자 유도크스이며, 그가 생각한 이론의 일부는 그 후 **유클리드**(Euclid)에 의해 완성되었습니다. 또한 우주 운행의 질서를 지배하는 메카니즘을 밝혀 물리학의 새로운 지평을 연 **아이작 뉴턴**(Isaac Newton)은 황금나선구조를 자신의 침대 머리맡에 새겨놓았습니다. 뉴턴 물리학의 기본 패러다임은 '결정론적 인과율'입니다. 모든 운동의 원인이 되는 초기 조건만 정확히 알면 그 결과는 뉴턴의 선형 이분 방정식에 의해서 기계적으로, 다시 말해 필연적으로 얻어진다는 것입니다. 이는 바로 황금나선구조의 이론 그 자체인 것입니다.

10.4. 가장 안정적인 황금비율

실험에 의하면 사람들에게 무작위로 여러 가지의 사각형 모형을 제시하고 그 중에서 그들의 눈에 가장 안정적으로 느껴지거나 또는 눈에 제일 먼저 들어오는 사각형을 고르라면 문화권, 인종, 성별, 연령에 관계없이 대개의 사람들은 황금비율을 내재한 직사각형

〈4〉를 고른다 합니다.

가장 보기 좋은 사각형을 고르시오.

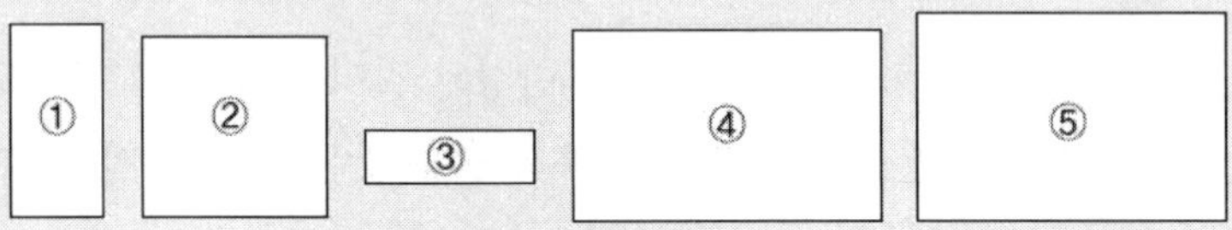

독일의 심리학자 구스타프 페히너(Gustav Fechner, 1801-1887)는 여러 모양의 사각형을 가지고 사람들에게 아름다운 사각형을 고르게 하였습니다. 이 실험에서는 약 10개의 사각형을 가지고 조사를 하였는데, 30% 넘는 사람이 ④번과 같은 사각형을 선택하였고 ④번 사각형은 가로와 세로의 비가 21 대 34인 피보나치 수로 이루어진 사각형입니다. 1 대 1.618의 비를 '황금비'라 부르는데 이러한 비율을 가진 것이 안정감이 있고 미적으로도 아름다워 보인다고 합니다(pub.chosun.com 참조).

또한 두 개의 막대기를 주고 십자가를 만들어 보라 하면 거의 모든 사람들은 황금분할의 점에 근사한 곳을 교차해 십자가를 만든다 합니다.

이러한 인간들의 황금분할에 대한 선호는 우리 생활 주변에서 이를 이용한 상품들에 널리 사용되는 결과를 보여 주고 있습니다. 그 예로 액자, 창문, 책, 십자가, 신용카드 등의 가로, 세로 비율 등에 황금분할의 비율이 적용됩니다. 특히 신용카드의 비율을 예로 들면 신용카드의 가로와 세로 비율은 각각 8.6cm와 5.35cm로 이 둘의 비율은 8.6/5.35=1.607로 황금비율에 의해 카드가 제작되었다는 사실을 보여 주고 있습니다.

황금비율을 적용한 신용카드의 형태, 1:1.586 ≒ 1:1.6(bitnine.net 이미지 참조).

이미 열거한 예와 앞으로 설명할 예를 통해 느끼겠지만 황금분할의 비율은 인간이 느끼는 가장 안정적이며, 편하게 느껴지는 요소를 내재하고 있습니다. 이는 바꾸어 말하면 인간의 행위 또는 행동양식은 그것이 의식적이건 무의식적이건 어느 정도 영향을 미치며 그것들을 규정하는 요소가 황금분할의 파이(ϕ)에 내재되어 있다고 결론지을 수도 있습니다.

• 우리는 왜 황금분할의 비율에 의해 이루어지는 구도가 가장 안정적이고 편하게 느껴지는 것일까요? 우리가 태어나서부터 황금분할의 비율이 가장 안정적이고 편하며 눈과 귀를 즐겁게 해주는 비율이라고 교육 받아와서 그런 것일까? 아닙니다. 우리는 그런 교육을 받은 적이 없습니다. 우리는 그렇게 만들어져 태어났기 때문이 아닐까? 이는 마치 우리가 꽃을 보면 아름답고 뱀이나 벌레를 보면 공포심 또는 혐오감을 느끼는 감정이 교육에 의해서 발생하는 것이 아니라 우리가 자연적으로 느껴지는 것이나 똑같은 것입니다.

• 우리 인간이 최초의 직립원인 **오스트랄로피테쿠스**(Australopithecus)가 지구상에 나타난 250만 년 전 이전부터 진화되면서 살아 왔다고 주장하는 사람들은 진화과정 중에 인간은 철저히 우주가 만들어낸 자연에 순응해 왔으며 거기에 역행하는 종(種)은 도태되어 사라져 갔다고 합니다. 그렇다면 자연은 무엇인가요? 자연은 혼돈이 아닌 통일된 하나의 질서이며 그 질서 안에서의 순환입니다. 하루는 24시간, 일년은 365.25일이며, 낮이 가면 밤이 오고, 봄이 가면 여름이 반드시 오고 또 가을, 겨울이 옵니다. 즉 밝으면 다음은 어둡고, 높으면 다음은 낮고, 강하면 다음은 약하고 하는 상반된 두 에너지 사이에서 우리 인간은 수백만 년, 아니 그 이상의 유장한 세월을 살아 왔습니다.

• 결국 인간은 자연계의 상반된 두 에너지 사이에서 살아오면서 자연계의 질서에 순응하는 생존의 방법을 의식적으로 또는 무의식적으로 몸에 익혔을 것입니다. 그 익혀진 방법들은 유장한 세월 동안 인간의 DNA(deoxyribonucleic acid) 코드에 축적돼 오면서 유전되고 더욱 발전하여 현재의 우리 자신에게까지 이르렀습니다. 그 생존의 방법은 여러 가지이며 그 중의 하나는 두 상반된 에너지 속에서 0.618(파이ϕ)의 비율로 두 에너지를 공유하거나 분리하는 것이 아닐까요? 또 그 비율의 공유 또는 분리야말로 이 세상의 질서를 주관하는 창조주의 뜻에 가장 가까운 것이 아닐까요?

• 황금분할의 신비한 요소로 인해 고대 희랍 철학자 **플라톤**은 황금비율 파이(ϕ)를 '이 세상 삼라만상을 지배하는 힘의 비밀을 푸는 열쇠'라 했으며 시인 단테는 '신이 만든 예술품', 16세기 천체 물리학의

거성 케플러는 황금분할을 ‘**성**(聖)**스러운 분할**(Divine Section)’이라 했으며 신의 형상을 따라 지어내진 신의 피조물이라 했습니다.

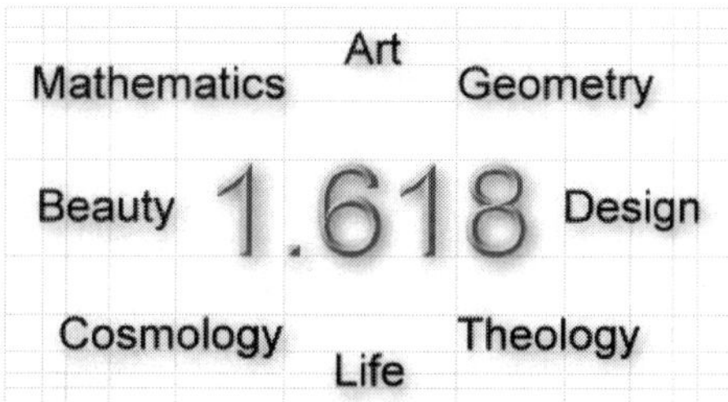

황금비율인 1.618은 수학, 예술, 천문학, 자연, 디자인, 신학 및 우리의 삶 곳곳에 절대적인 영향을 끼치고 있습니다(goldennumber.net 이미지 참조).

Phi(ϕ파이)만큼 인간에게 영감을 불어넣는 또 다른 숫자가 있을까요? 고대 그리스인, 르네상스 예술가, 17세기 천문학자, 21세기 소설가, 모두가 Phi(ϕ파이)에 대해 쓸 수 있을 정도로 단일 숫자로서 흥미롭게 만드는 것은 원천은 무엇일까요? 그리스 문자 Phi는 1.61803399로서 황금비율, 황금숫자, 황금분할, 황금평균, 황금섹션, 신성한 비율 또는 신성한 섹션으로도 불립니다. 기원전 300 년경 유클리드의 “원론”, 레오나르도 다빈치와 동시대인 루카 파치올리, 1600 년경 요하네스 케플러, 이어서 2003년 댄브라운의 베스트셀러 소설 “**다빈치 코드**(The Da vinci Code)”가 나오면서 Phi 탐구가 대중 문화 중 하나의 주류로 확대되었습니다.

Chapter 11

대칭(Symmetry) 속의 수학

좌) 병진(평행이동)대칭(translational symmetry)
우) 회전대칭(rotational symmetry)

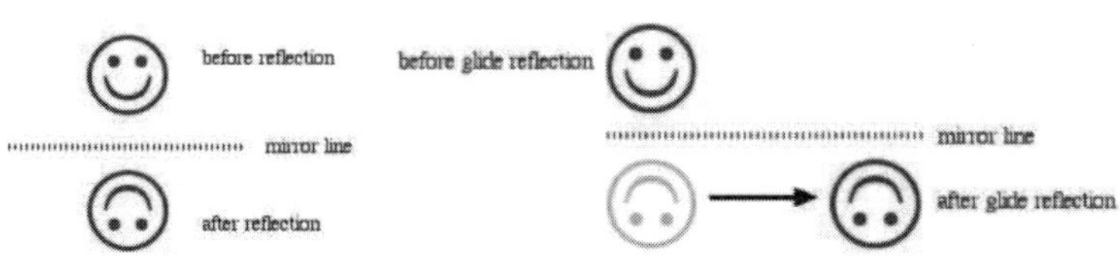

좌) 반사(거울)대칭(reflexive symmetry)
우) 활공반사대칭(glide reflection symmetry)
(미국수학협회 참조)

11.1. 대칭의 종류

우리가 고려할 **대칭**(symmetry)에는 4가지 유형의 모션이 있는데 평행이동, 회전, 반사 및 활공반사입니다. 간략히 설명 드리자면 **평행이동대칭**(translational symmetry)은 모든 것이 같은 양과 같은 방향으로 같은 거리로 움직입니다. **회전대칭**(rotational symmetry)은 한 점(회전 중심)을 고정하고 모든 것이 그 점을 중심으로 같은 양만큼 회전합니다. 모든 회전에는 회전 중심과 각도가 있습니다. **반사대칭**(reflexive symmetry)은 평면에서 거울선을 고정하고 선의 한 쪽 점을 거울에서 같은 거리에 있는 거울의 다른 쪽 점과 교환합니다. 모든 반사에는 거울선이 있습니다. **글라이드반사**(glide symmetry)라고도 하는 **활공반사**(reflection symmetry)는 거울반사와 거울에 평행한 평행이동이 합해진 이동입니다. 모든 글라이드반사(활공반사)에는 거울라인과 평행이동거리가 있습니다.

• 대칭은 아름답습니다. 우리가 사는 세상에 대칭은 주위에 널려 있습니다. 우리가 날마다 대하는 물건들, 건물들, 바닥, 타일, 자동차 휠 등에서 수많은 대칭을 봅니다. 대칭은 여러 나라나 민족의 예술품에도 살아 숨 쉬고 있습니다. 각 궁전들, 아메리카 인디언의 수공 직조품, 다양한 형태의 현대미술품 등 여러 형태로 여러 문화에 대칭은 산재해 있습니다. 그뿐만 아니라 대칭성은 우주의 은하계와 같은 거대하고 원대하게 먼 거리에도 나타나 있을 뿐만 아니라, 나비의 날개나 현미경으로 볼 수 있는 수정의 결정체에도 나타납니다.

꽃-회전(rotation)대칭; 사람-반사(reflection)대칭; 철길-병진(translational)대칭; 벽지-활공반사(glide reflection)대칭(brilliant.org 참조)

알함브라 궁전(Alhambra Palace)은 '이슬람 건축의 최고 걸작'으로 꼽히며 스페인의 이슬람 왕조인 나스르 왕조 때 건설됐고 우상숭배를 금지한 이슬람 교리에 따라 갖가지 기하학적인 디자인으로 궁전의 벽과 바닥과 기둥을 빈틈없이 장식했습니다. 그곳에 쓰여진 기하학적이면서도 추상적인 대칭의 세계는 가히 완벽하다 할 수 있지요. 인간의 머리와 손이 이렇게 다양한 대칭적인 기하학적 무늬를 창조할 수 있음에 입을 다물지 못합니다.

• **대칭성**(symmetry)이란 무엇일까요? 대칭성이란 몇 개의 부분들이 합쳐져서 조화롭게 단일을 이루게 하는 성질로서 자연 현상을 수학적으로 설명하는 핵심적인 요소 중의 하나입니다. 자연뿐만 아니라 아름다운 형태에는 대칭성이 어김없이 들어있는 경우가 많습니다. 이러한 대칭성은 자연과학의 오랜 연구주제 중 하나였습니다. 대칭성을 규정짓는 세 가지 요소는 반사성(reflection), 회전성(rotation), 이동성(translation)입니다.

알함브라 궁전에 있는 장미문양의 4도와 8도, 및 6도 회전대칭 샘플입니다. 그라나다의 알함브라 궁전을 방문하는 사람은 타일과 회반죽, 목각, 창문 격자 작업에 이르기까지 모든 것을 장식하는 복잡한 아라베스크 디자인에 감탄할 것입니다. 이곳의 디자인은 아름다울뿐만 아니라 다양한 대칭이 풍부하여 수학적으로 완벽한 방식을 반복해 보여줍니다. 반복되는 방식은 반사, 회전, 평행이동 및 "활공 반사"의 기본 규칙로서 대칭의 수학에 좋은 예를 제공합니다(세인트루이스대학과 physicsworld.com 참조).

반사적 대칭성은 양쪽이 똑같이 접혀질 수 있는 것으로 대표적인 형태가 눈이나 수정의 결정체에 나타납니다. 이 세상에는 똑 같은 형태의 눈결정체 모양은 하나도 없는데, 그것들 모두는 대칭성을 갖습니다. 반사적 대칭성은 거울에 맞대어 놓는 것과 같은 형태로서 거울대칭이라고도 합니다. 눈의 결정체나 나비처럼 좌우의 모양이 똑같아 보이는 선이 하나, 또는 여러 개 있는 형태가 반사적 대칭성입니다.

눈결정체는 회전대칭의 대표적 디자인입니다.(구글이미지 참조).

11.2. 대칭의 아름다움

'**슬라이드**(slide)'라고도 불리는 이동적 대칭성은 같은 패턴이 반복되는 벽지, 타일, 보도블록 등의 무늬에서 보입니다. 회전적 대칭성은 가운데 센터를 기본 축으로 모양이 각도에 따라 변화되는 것으로 벽지나 카펫뿐만 아니라 그릇이나 장식품의 패턴으로도 많이 이용됩니다. 우리는 예술 작품이나 건축, 실내 디자인, 꽃등에서 본능적으로 대칭을 선호합니다. 벌도 비대칭적인 패턴보다는 대칭적인 패턴을 더 쉽게 학습한다고 하는데요. 잎이 더 대칭적인 꽃에서 수분하는 것을 선호한다고 합니다.

• **대칭**을 선호하는 게 인간뿐일까요? 아닙니다. 새나 인공두뇌도 대칭을 좋아한답니다. 인간이 대칭적인 얼굴을 더 선호한다는 사실은 많은 연구에서 입증됐습니다. 생후 일주일이 안된 신생아들도 더 대칭적인 얼굴을 선호했는데요. 〈심리발달〉에 게재된 연구에 따르면 6개월쯤 지난 아기들은 매력적인 얼굴에 적극적으로 관심을 나타낸다고 합니다. 전문가들은 영아의 행동을 통해 대칭성에 대한 선호가 선천적으로 형성됐을 것으로 추론합니다.

〈휴먼네이처〉에 게재된 연구에 따르면 심지어 닭조차 인간의 대칭적인 얼굴을 좋아했습니다. 2002년 스웨덴에서 진행된 이 연구는 인간과 닭을 대상으로 동일 인물의 얼굴에서 대칭 정도를 변화시키면서 반응을 조사했는데요. 인간과 닭의 선호도는 무려 98% 일치했다고 합니다. 이 연구는 닭이 사람의 얼굴을 구별할 수 있고, 미적으로 더 특색 있는 사람들을 선호한다는 걸 보여줍니다. 또한 **인공지능**(artificial intelligence, AI)도 오히려 대칭적인 물체에 더 강한 반응을 보였다고 합니다. 비대칭적인 형질을 선호하게 설계했음에도 '**대칭에 대한 선호**'를 발견한 겁니다. 이에 대해 인간의 뇌처럼 작동하게끔 만들어진 인공신경망이 인간의 뇌처럼 인지적 편향을 나타냈기 때문이라는 분석이 나옵니다. 대칭 얼굴을 선호하는 경향이 뇌의 특성 때문이라고 학자들은 설명합니다. 즉, 특정 시각 정보가 성적 두뇌에 편향을 일으키고, 이 편향이 대칭성에 대한 선호를 만든다고 설명합니다.

닭과 원숭이 등도 대칭 얼굴을 좋아한다 합니다.

대칭성은 아름다움을 판단하는 기준입니다. 아름다운 예술품에는 반드시 대칭과 조화가 기본을 이룹니다. 이는 고대나 현대에나 여전하며 대칭성이 주는 아름다움과 완벽함이 인류에게 예로부터 친근하게 다가왔기 때문입니다. 생활소품 그릇에서부터 장식 가구뿐만 아니라 음악 악보나 미술 작품에도 대칭성이 많이 사용되고 있음은 주지의 사실입니다.

• 대칭은 또한 곤충과 식물들에게서도 존재합니다. 벌이 대표적 곤충이지요. 벌은 시야가 좋지 못해 사물과의 충돌을 통해서 거리를 판단합니다. 하지만 벌은 대칭 구조를 강하게 인지할 수 있고

이러한 능력 덕분에 대칭 구조를 가진 식물들의 꿀을 빨아 먹는다 합니다. 꽃식물 역시 수분(受粉)을 통해 유전 형질을 전달해야 하기 때문에 더 많은 벌을 유인하기 위해 완벽한 대칭 구조를 획득하기 위해 노력한다고 알려져 있습니다.

대칭성은 이렇게 구체적인 형태를 띤 것뿐 만 아니라, 철학적인 측면에도 존재합니다. 양이 있으면 음이 있고, 흥이 있으면 망이 있고, 부가 있으면 빈이 있고, 강이 있으면 약이 있으며, 미가 있으면 추가 있고, 기쁨이 있으면 슬픔이 있고, 오름이 있으면 내림이 있는 등 인간이 사는 내면에도 참으로 많은 철학적 대칭이 존재합니다.

• 우리가 배운 수직선에도 양수가 있으면 그에 대한 음수가 있고, 그 사이에는 영이 있습니다. 수학에서 한 백터에 대해서도 양과 음의 백터가 있으며 적분이 있으면 미분이 있습니다. 대칭성을 곳곳에서 찾는 일은 수학의 한 분야이며, 대표적인 수학에서 대칭성은 **군론**(group theory)과 **쌍대성**(duality)에 나타납니다. 물리학에서 노벨상을 수항한 양(C.N.Yang)교수는 물리학은 한마디로 대칭성을 공부하는 것 이라고 했습니다. 우리 인간은 창조주가 만들어 놓은 이 세상의 대칭의 법칙을 끊임없이 찾아갈 것이고, 그를 이해해 나가는 과정을 통해 우리의 삶은 더욱 행복해질 것입니다.

Chapter 12

기하학과 현대미술

12.1. 비유클리드 기하학(Non-Euclidean Geometry)

우리는 쇼핑을 하고, 좋은 보험 상품을 선택하며, 예산 내에서 집 구조를 변경하며, 인구증가율을 이해하고, 혹은 경마장에서 가장 우승할 확률이 높은 말에 배팅을 할 때 수학의 원칙들을 이용합니다. 영어나 독일어나 러시아어도 아닌 숫자수로 이루어진 이 언어는 날마다의 삶에서 중요한 결정이나 일을 완벽히 잘 할 수 있도록 도와줍니다. 사람들은 살고 있는 대륙이나 나라가 달라도 이러한 수학의 원칙들을 수백, 수천 년간 이용해 오고 있습니다.

유클리드 기하학(euclidean geometry)은 평면에서 직선 밖의 한 점을 지나면서 그 직선과 만나지 않는 직선은 하나밖에 없다는 평행선의 공리에 기초합니다. 즉, 평행선은 아무리 연장하여도 만나지 않는다고 가정한 것입니다. **비유클리드 기하학**(noneuclidean geometry)은 평행선의 공리가 깨지는 공간에서의 기하학이며, 삼각형의 모습이 아래와 같고, 에셔는 비유클리드 공간에서 그림을 그렸습니다.

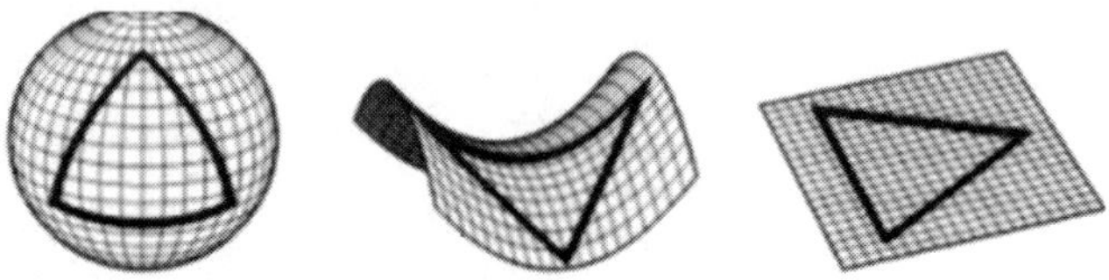

1. 구면 **2. 쌍곡면** **3. 평면**

1. 구면 위 리만기하학의 **양의 곡률**(positive curvature) 삼각형 내각의 합은 180도보다 크고, 평행한 두 직선은 반드시 만난다.
2. 쌍곡면 로바체프스키기하학의 **음의 곡률**(negative curvature)에서의 삼각형 내각의 합은 180도 보다 작고, 평행한 두 직선은 만나지 않는다.
3. 평면 위 유클리드기하학의 **곡률 0**(flat curvature)에서 삼각형 내각의 합은 180도 이고, 평행한 두 직선은 만나지 않는다.

에셔(M.C. Escher)의 대표작품 중 하나인 Circle Limit III. 이 그림은 평면 타일링이지만 우리가 보는 타일링은 평면에서 무한대로 바깥쪽으로 반복해서 확장 될 수 있는 쌍곡기하학상에 있습니다. 오른쪽은 에셔의 1929년 석판 자화상(Math and art 참조).

12.2. 문화, 예술 속의 수학

수학은 문화 예술 속에도 살아있습니다. 예술 작품이란 예술 철학의 변천 및 기술 환경 변화에 대한 예술가 개개인의 인간적인 반응을 가장 공개적으로 드러내는 수단입니다. 이러한 문화 예술에도 수학은 고유하고도 중요한 역할을 담당합니다. 20세기 초반 새로운 예술 사조들은 수학자의 손으로 만든 새로운 기하학의 개념과 용어를 받아들였습니다.

기하학을 **미술작품**에 받아들여 입체파 · 미래파 등이 출현했으며 20세기 아방가르드 예술운동 중 입체파와 미래파 들은 비유클리드 공간과 4차원에 대해 많은 관심을 보였습니다. 비유클리드 공간은 휘어진 공간이라고 이해하면 쉽습니다.

20세기의 **입체파**, **미래파**, **초현실주의**는 모두 **비유클리드 기하학**이나 4차원을 비롯한 다차원공간과 같은 새로운 기하학 개념이 도입된 결과였습니다. 화가들은 부분이나 단면을 통해 전체 대상을 직관적으로 이해하고자 했습니다. 따라서 회화가 매개체일 경우 3차원 혹은 4차원에 존재하는 대상을 인식하기 위해서 일련의 단면들이나 여러 관점에서 본 다양한 이미지들이 필요했습니다. 이것이 바로 입체파 화가들의 표현방식이었습니다. 철학자 **칸트**가 제시한 대상 인식과 대상 자체 사이의 구분 역시 입체파 화가들의 다면 형식에 동기를 부여했습니다.

• **입체파**(Cubism, 立體派)의 대표적 작품으로 꼽히는 파블로 피카소의 **"아비뇽의 아가씨들"**은 대담한 색채와 면의 구성을 보여주

며, **세잔느**의 "자연의 형태는 원추, 원통, 구(球)형으로 나눌 수 있다"라는 설명은 큐비즘의 발단이 되었고, 그의 예술과 흑인 조각은 이 운동의 초기에 큰 영향을 끼쳤으며 큐비즘은 물체를 입방체처럼 분석, 분해해서 그 각 단면을 재구성하는 작업등의 형태로 이루어졌습니다. 큐비즘 작가들은 르네상스 이후 서양 회화의 전통인 원근법과 명암법, 그리고 다채로운 색채를 사용한 순간적인 현실묘사를 지양하였습니다.

파블로 피카소(Pablo Picasso, 1881-1973)의 아비뇽의 아가씨들(Les Demoiselles d' Avignon), 파리, 1907년 작, 회화의 전통적인 구성과 관점에서 근본적인 단절을 나타내며, 이베리아 조각과 아프리카 가면에서 영감을 받은 얼굴을 가진 납작하고 쪼개진 평면으로 구성된 다섯 명의 나체 여성을 묘사합니다(미국현대미술관 MOMA.org 참조).

• 4차원은 예술가들로 하여금 3차원 투사화법을 벗어나 현실을 탐구하도록 하는 해방의 의미였습니다. 이런 해방감을 누린 사람들은 입체파뿐만 아니라, 1900년대 초 현대성과 산업주의, 정치색 등을 전시한 이탈리아의 **미래파** 화가들도 속했습니다. 움베르트 보치오

니, 지노 세베리니, 지아코모 발라 등의 예술가들은 4차원에서 역동주의를 표현했습니다.

이탈리아 미래파운동의 중심에 있던 **움베르토 보치오니**(Umberto Boccioni)의 축구선수의 역동성(Dynamism of a Soccer Player), 1913작품은 축구선수의 중앙의 단단히 조각된 종아리를 제외하고는 빛나고 깜빡이는 분위기로 비물질화됩니다. 여기에서 Boccioni는 1910년 그의 텍스트 "미래주의 회화의 기술 선언"에서 다음과 같이 표현한 원리에 대한 시연을 "인간 그림을 그리려면 그림을 그리지 않아야 합니다. 주변 대기 전체를 렌더링 해야 합니다... 움직임과 빛 파괴 신체의 물질성" 라며 제공했습니다(미국현대미술관MOMA.org 참조).

프랑스의 대중문화에 가장 큰 영향력을 발휘한 수학자는 **앙리 푸앵카레**였으며, 입체파의 토대를 닦은 인물은 파블로 피카소와 조르주 브라크였습니다. 1907년 **피카소**의 '아비뇽의 아가씨들'은 최초의 입체파 회화작품으로 기록되었습니다. 피카소는 "세잔의 이동투사법과 아프리카 예술의 구도에서 영감을 얻었다"고 고백하는 것을 보면 아이디어 측면에서 거의 영향을 받지 않았던 듯합니다. 브라크는 기하학적 표현에 많은 관심을 가졌고 '입체파'라는 명칭을 만들어 냈습니다.

• **투시화법**(perspective drawing)과 구도에 대해 보다 전통 기하학적으로 접근하는 부류도 있었습니다. 1912년 파리에서 '황금분할'이라는 이름의 유명한 전시회가 열렸는데 건축이나 예술에서 종종 발견되는 고전적 분할에 관한 전시회였습니다. 당시 후안 그리스나 자크 비용 같은 예술가들은 순수하게 추상적이고 기하학적인 입체파를 추구하였습니다.

12.3. 학문의 벽을 허무는 수학

비유클리드 기하학이 20세기 초반 예술에 미친 영향은 4차원에 비해 더욱 파악하기 어렵습니다. 문제는 비유클리드 공간을 표현하는 데 따르는 어려움에서 생겨난 것입니다. 이탈리아의 수학자인 에우게니오 벨트라미는 **로바체프스키 기하학**(Lobachevskii's geometry)을 표상하기 위해 '의구'라는 물질 모형을 만들기도 했습니다. 하지만 비유클리드 기하학이란 것이 존재한다는 단순한 지식만으로도 예술가들의 영감에 불을 붙이기는 충분했습니다. 아마도 그 수학적 연구 성과는 4차원이라는 것이 제공한 예술적 자유보다 훨씬 덜 풍요로웠을 것입니다. 예술가의 수학 및 과학연구를 독려한 뒤샹 같은 화가들은 영향력은 컸지만 소수파에 속했습니다. 그럼에도 비유클리드 기하학에 대한 인식은 다다이즘의 시조인 헝가리 시인 트리스탄 차라나 초현실주의 창시자들에게 영향을 미쳤습니다.

1936년 화가인 찰스 시라토가 '**차원주의 선언**(manifeste dimensioniste)'을 들고 나왔습니다. 이 선언문에서 그는 아인슈타인 이론이 영감의 원천이 되었다면서 '세상에 대한 새로운 인식에 자극 받은' 예술이 이제 새로운 차원으로 진화하고 있다고 밝혔습니다. 회화는 평면을 떠나 공간으로 이동할 것이고, 이로써 공간구성과 멀티미디어 장치를 선도할 것이라고도 했습니다. 그리고 **"조각은 유클리드 3차원이라는 닫혀 있고 움직이지 않는 죽은 공간을 떠나 민코프스키**(Minkowski, 1864-1904)**의 4차원 공간을 예술적으로 표현하는데 나서라"**고 촉구했습니다. 당대를 풍미하는 예술가들이 이 선언문에 서명했습니다. 이 선언문은 공간과 영혼으로서의 차원 및 시간의 차원이라는 4차원에 대한 두 가지 주류 해석을 모두 받아들였습니다.

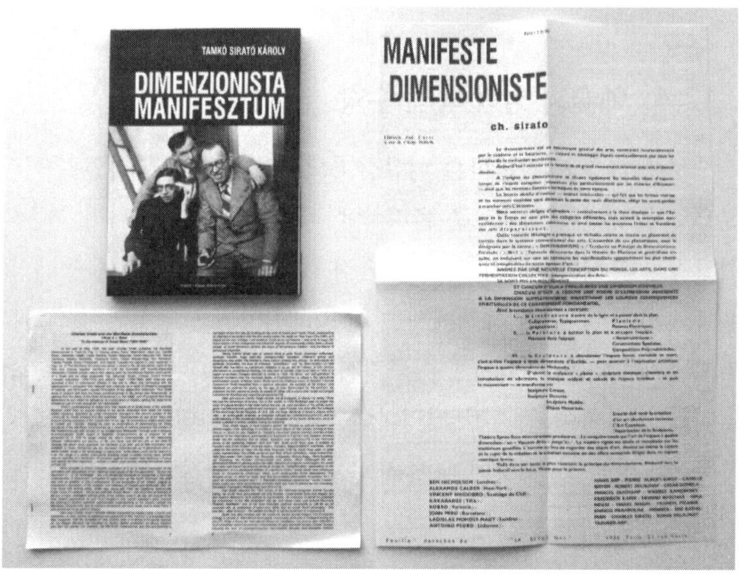

찰스 시라토의 차원주의 선언문(Charles Sirato, Paris, 1936) 시라토는 헝가리 시인, 예술이론가였으며 당대 많은 명망있는 화가들이 동참하였습니다(Abebooks.fr 참조).

하지만 1930년대가 지나자 **초현실주의**(surrealism)를 제외하고는 4차원공간이나 **비유클리드 기하학**에 적극적인 관심을 표명하는 화가들이 거의 없었습니다. 프랑스의 앙드레 브레통(André Breton, 1896-1966)은 새로운 기하학이 자신의 새로운 초현실주의에 이상적으로 들어맞는다는 점을 발견했습니다. 그의 초현실주의 이론은 **프로이트**(Freud,1856-1939)의 무의식 분석에 기반하면서 고차원도 포함하였고, 여기서 4차원의 시공간은 비이성적인, 혹은 잠재의식의 고차원과 결합되었습니다. 순수하게 수학적이고 미학적인 비유클리드 기하학 표현이 현실화되기 위해서는 컴퓨터의 성능이 월등히 향상될 때까지 기다려야 했습니다.

12.4. 예술과 철학 속의 수학

새로운 다차원 기하학과 비유클리드 기하학은 추상적인 수학이론으로 등장했지만 새로운 물리학에 적용되었을 뿐 아니라 기존의 사고방식을 뒤바꾸고자 하는 예술적, **철학**(philosophy)적 운동에 불을 붙였습니다. 예술 세계에서 이러한 표현방법은 영적인 것으로부터 **무정부주의**(anarchism)에 이르기까지 다양하게 나타났습니다. 유클리드 기하학이 공간적 패러다임의 자리를 잃었다는 것은 삶과 우주, 그 밖의 모든 것에 대해 새로운 시각이 생겨났음을 의미했습니다.

기욤 아폴리네르(Guillaume Apollinaire, 1880-1918)는 1972년 '현대회화'에서 기하학과 예술에 대해서 다음과 같은 견해를 피력하였습니다. "새로운 예술가들은 기하학에 지나치게 매달려 있다는 비판을 받았다. 기하학 도형이야말로 회화의 핵심인데도 말이다. 공간차원 그리고 관계에 대한 학문인 기하학은 언제나 회화의 규칙을 만들어왔다. 지금까지 무한을 추구하는 위대한 예술가에게는 유클리드 기하학이 제공하는 3차원으로도 충분했었다."

오늘날 과학자들은 더 이상 유클리드의 3차원 안에 머물지 않습니다. 화가들도 4차원이라고 하는 개념이 제시하는 공간 측정의 새로운 가능성에 열중하게 된 것입니다. 조형 예술의 관점에서 볼 때 4차원은 이미 알려진 3차원에서 나온 것입니다. 4차원은 임의의 순간에 사방으로 영원하게 만드는 광대한 공간입니다. 이것은 공간 자체이자 무한의 차원입니다. 4차원은 대상에게 유연성을 부여하고, 대상이 전체에 대해 올바른 비율을 갖도록 합니다.

Chapter 13

밀레니엄 백만불 수학문제(Millennium Million Dollar Mathematics Problems) 이야기

13.1. 페르시아(Persia) 수학자 '0' 최초 기록

수학은 인류의 시작과 더불어 인간의 정신세계와 문명발전의 근원적 힘이 되었습니다. 고대 오리엔트시대 초기의 수학에서는 오늘날 증명이라고 칭하는 수학의 과정은 찾아볼 수 없었습니다. 단지 토지측량, 토목공사 등의 현실문제 해결의 수단으로 이용되는 생활수학이었습니다.

• 6세기경 고대 그리스시대부터 수학이 학문 또는 과학으로 주목되었고, 수나 계산 방면에서는 인도나 아라비아의 산술과 대수를 사용하였습니다. 인도인들은 10진법의 기초가 되는 1, 2, 3, … 0의 수 체계를 발명하고 아라비아 상인을 통해 유럽에 전파되었습니다. 0이 사용된 최초의 기록은 **페르시아**(Persia) 수학자 **알-화리즈미**(al-Khowarizmi)가 825년에 출간한 책에서 였습니다.

• 한편 고대 그리스의 유클리드가 「**원론**(Elements)」에서 정립한 기하학 공리체계는 수학적 논증의 고전적 모델로서 이후 문명세계에서 사고의 기본 틀을 형성하는 데 영향을 주었습니다. 17세기는 수학사에서 가장 빛나는 시기였습니다. 갈릴레오는 역학의 기초를 세웠고, 데카르트는 해석기하학을 창시하였으며, 뉴턴과 라이프니츠의 **미적분학**을 발명하여 근대 과학기술 문명의 모태가 되었습니다.

• 수학이론들은 자연과학 및 공학의 여러 분야에 응용되었고, 경제학, 언어학, 인류학, 심리학 등에도 깊은 영향을 미쳤으며, 현대 철학의 정립에도 큰 도움을 주었습니다. 특히 20세기 중반 이후에는 튜링과 폰노이만이 창안한 **컴퓨터**가 현대인의 삶의 형태를 바꾸면서 수학의 응용이 다양해지고, 또한 물리(Nano technology), 생물(Bio technology), 정보(Information technology) 등 다양한 방향으로 영향이 가속화되고 있습니다.

13.2. 문제 해결을 위한 인류의 노력

수학 분야에서 풀지 못할 미스터리라 하면 학문의 성격상 아직 증명하지 못한 미해결의 문제들을 떠올리면 될 것입니다. 어느 수학자는 어려운 수학문제를 푸는 데 일생을 바치기도 하고, 때로는 도중에 절망하여 자살한 경우도 있었습니다. 문제의 증명이 간단치 않다 보니 문제에 상금까지 걸어 젊은 수학자들을 자극하고 수학에 대해 관심을 불러일으키기도 합니다.

한 문제를 증명하는데 1백만 달러 상금이 걸린 7개의 수학문제가 그 대표적인 예입니다. 수학적 지식을 증대하고 보급할 목적으로 세워진 미국의 **클레이수학연구소**(Clay Mathematics Institute, 메서추세츠 주 켐브리지 소재, www.claymath.org)는 **백만불 상금 수학 문제**(Millenniem Prize Problems)를 2000년 5월 24일 파리에서 발표하였습니다.

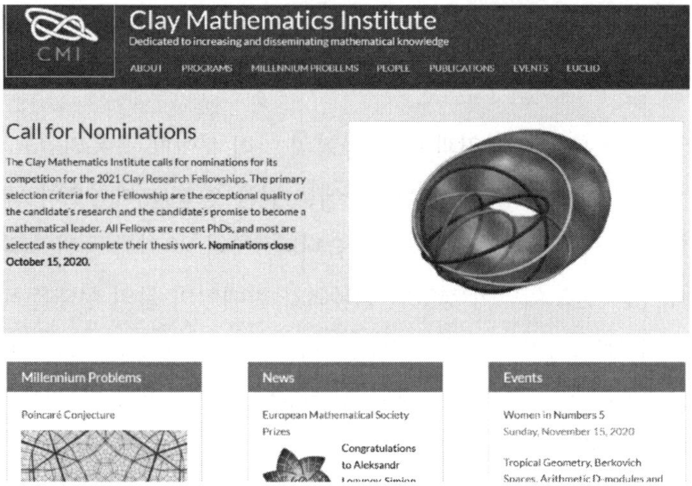

클레이수학연구소(Clay Mathematics Institute, CMI)는 미국 매사추세츠주 케임브리지 지방에 있는 사설 비영리 재단이며, 수학을 널리 알리고 발전시키는 활동을 하고 있습니다. 2000년도에 수학의 7개 난제에 대해서 한 문제당 100만 달러 상금을 내걸었습니다. 여러 종류 상을 제정해서 유망한 수학자들에게 수여함으로 수학연구를 격려하고 자극하고 있습니다. 이 연구소는 1998년 제정 지원을 맡은 사업가 랜던 클레이(Landon T. Clay)와 하버드 대학교의 아서 재피에 의해서 설립되었습니다(claymath.org 참조).

정확히 약 1백 년 전 1900년 8월 파리에서 개최된 제2회 세계수학자대회에서 독일의 수학자 **힐버트**(David Hilbert, 1862~1943년)가 **23개의 문제**(open problems)를 발표하여 세계 수학자들에게 도전의 의지를 심어주었던 사건의 제2탄인 셈이었지요.

힐버트의 발표는 백 년 동안 수학자들을 자극했고 수학에 대한 관심을 불러일으킨 점에서 높이 평가 받았으며 세 문제를 제외하고는 대부분 해결되었습니다. 새로운 밀레니엄을 맞이하여 클레이수학연구소는 수학의 발전과 공헌에 지대한 영향을 끼칠 수 있는 대표적 **미해결 일곱 문제**를 선별하여 발표한 것입니다.

• 1996년에 현상금 걸린 3백50년 미해결 문제가 풀려 전세계 수학계를 놀람과 흥분으로 들뜨게 했던 사건이 있었는데, 페르마의 마지막 정리(Fermat's last therorem)에 대한 증명이 이루어진 일이었습니다. 미국 프린스턴대학 수학과 **와일즈**(Andrew Wiles)교수가 7년 동안 다락방에서 이 문제만을 집중 연구한 끝에 얻어낸 성과였습니다. **페르마의 마지막 정리**는 다음과 같습니다.

n이 2보다 큰 자연수일 때 방정식 xn + yn = zn을
만족하는 양의 정수x, y, z는 존재하지 않는다.

1630년경에 **페르마**(Perre de Fermat)는 자신이 발견한 증명들을 공식적으로 발표하지 않고 다른 사람과 주고받은 편지에 소개하거나 책의 여백에 적어 놓곤 했습니다. 페르마가 죽은 뒤 그의 아들이 아버지의 업적을 정리하여 발표했습니다. 다른 정리들은 그가 책의 여백에 적어 놓은 것들이 모두 옳다는 것이 밝혀졌지만, 위의 정리 옆에는 "**나는 정말 놀라운 증명방법을 발견했다. 하지만 이 여백이 좁아서 그 증명을 여기에 적을 수가 없다.**"라고 적혀 있었다고 합니다. 페르마가 그 때 발견했다고 하는 증명을 3백 50년이 지나도록 어느

누구도 다시 증명할 수가 없었던 것입니다. 그래서 이것이 페르마의 마지막 정리라고 알려진 것입니다. 1908년 페르마 정리 때문에 자살까지 시도한 적이 있는 독일의 수학자 **파울 볼프스켄**(Paul Wolfsken)의 유지에 따라 괴팅엔 왕립과학원은 2007년 9월 13일을 기한으로 페르마의 정리를 증명하는 사람에게 10만 마르크(약 20억원 상당)의 상금을 걸었는데 1997년 6월 27일 **와일즈**(Andrew Wiles, 1953~) 교수는 이 상금을 받았습니다.

• 일반인들에게는 어렵고 지루하게 여겨지는 수학이지만 수학만이 갖는 절묘한 논리와 지적 세계에 매료되어 그 세계를 아름답고 흥미 있다고 보는 사람들도 많이 있습니다. 독일의 수학자 **가우스**(Carl Friedrich Gauss, 1777~1855년)는 **수학은 과학의 여왕**(Mathematics is the Queen of Sciences)라고 하여 수학의 학문적 논리체계의 완전성은 모든 과학의 모델이며 모든 과학의 방법론적 언어임을 일찍이 설파하였습니다.

수학에서는 '**참**(truth)'으로 인식되는 명제는 '**정리**(theorem)'로 정확히 증명될 수 있어야 합니다. 50%진리나 99%진리가 있을 수 없듯이 100% 완벽한 증명이 이뤄져야 하는 수학의 성격상 뻔해 보이는 결과지만 증명하는 데 수세기가 걸리기도 하고 미해결된 상태로 오랜 시간 남기도 합니다.

예를 들자면, **케플러의 예상**(Kepler's Conjecture) 문제인데 '주어진 3차원 공간에 똑같은 크기의 공을 빈틈없이 가장 많이 쌓는 방법'을 수학적으로 증명하는 데 약 5백년이 걸렸습니다. 1609년에 나온 가정을 1998년 미시간 대학의 수학교수 **헤일즈**(Thomas C.

Hales)가 증명한 것입니다. 과일 장사들이 늘 쓰는 방법인 육방체로 쌓는 방법인데도 말입니다.

13.3. 클레이수학연구소의 밀레니엄 문제

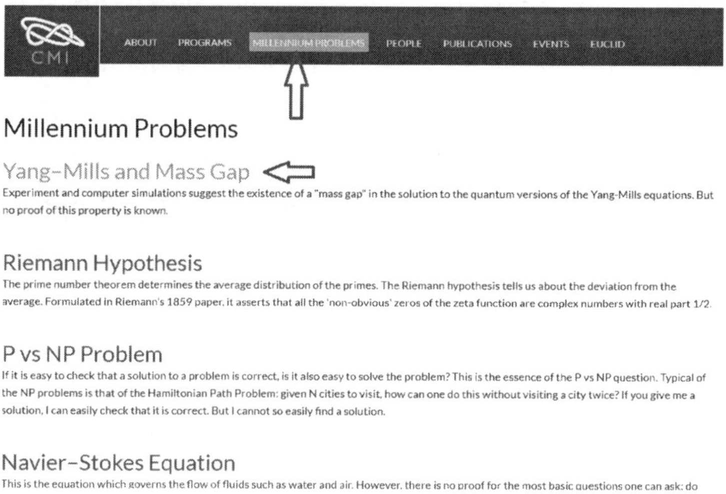
CMI ABOUT PROGRAMS MILLENNIUM PROBLEMS PEOPLE PUBLICATIONS EVENTS EUCLID

Millennium Problems

Yang-Mills and Mass Gap

Experiment and computer simulations suggest the existence of a "mass gap" in the solution to the quantum versions of the Yang-Mills equations. But no proof of this property is known.

Riemann Hypothesis

The prime number theorem determines the average distribution of the primes. The Riemann hypothesis tells us about the deviation from the average. Formulated in Riemann's 1859 paper, it asserts that all the 'non-obvious' zeros of the zeta function are complex numbers with real part 1/2.

P vs NP Problem

If it is easy to check that a solution to a problem is correct, is it also easy to solve the problem? This is the essence of the P vs NP question. Typical of the NP problems is that of the Hamiltonian Path Problem: given N cities to visit, how can one do this without visiting a city twice? If you give me a solution, I can easily check that it is correct. But I cannot so easily find a solution.

Navier-Stokes Equation

This is the equation which governs the flow of fluids such as water and air. However, there is no proof for the most basic questions one can ask: do

http://www.claymath.org/millennium-problems

밀레니엄 수학 7난제

앞에서 언급한 아직 미스터리로 남아 있는 현대 수학의 난제로 꼽히는 7개의 밀레니엄 문제들의 내용을 개괄적으로만 소개합니다. 정확한 문제의 설명은 아무래도 높은 단계의 수학을 요구하기 때문이며, 클레이수학연구소 홈페이지에 설명되어 있습니다. 우리나라에서도 많은 이들의 도전이 있기를 기대합니다.

• 양-밀즈 이론과 질량 갭
(Yang-Mills and Mass Gap) – 미해결

이론물리학과 관련된 분야입니다. 뉴턴의 고전적 역학이론이 천문학 세계에 관련된다면 양자물리학의 이론은 **소립자**(elementary particle) 세계와 관련됩니다. 반세기 전에 양과 밀즈는 **양자물리학**(quantum physics)을 설명하는 혁신적인 새로운 체계를 발견했는데 이 구조는 기하학에서도 발견됨을 발견하였습니다. 고도의 에너지 상황에서는 **양-밀즈 방정식**(Yang-Mills equation)에 의해 예측될 수 있다는 결과가 세계적으로 유명한 많은 연구소의 실험결과 입증됐습니다. 그러나 특히 **질량 갭**(mass gap) 가설은 수학적으로 만족할 만한 정당성을 인정받지 못하고 있습니다. 이 문제의 해결은 물리학과 수학에서 모두 새로운 아이디어를 요구하고 있습니다.

양자 양밀 이론은 현재 대부분의 기본 입자 이론의 기초이며 그 예측은 많은 실험 실험실에서 테스트되었지만 수학적 기초는 여전히 불분명합니다. 기본 입자의 강력한 상호 작용을 설명하기 위해 양-밀즈(Yang-Mills) 이론을 성공적으로 사용하려면 "질량 갭"이라고 하는 미묘한 양자 기계적 특성에 따라 달라집니다. 고전적인 파동이 빛의 속도로 이동하더라도 양자 입자는 양의 질량을 가집니다. 이 속성은 실험에서 물리학자들에 의해 발견되고 컴퓨터 시뮬레이션으로 확인되었지만 이론적 관점에서는 여전히 이해되지 않았습니다. 양-밀즈(Yang-Mills) 이론의 존재를 확립하는 과정과 질량 격차는 물리학과 수학 모두에서 근본적인 새로운 아이디어의 도입을 요구할 것입니다.

• 리만 가설(The Riemann Hypothesis)– 미해결

리만 가설(Riemann Hypothesis)은 19세기 독일의 수학자 리만(Georg Friedrich Bernhard Riemann, 1826~1866년)이 만든 것입니다. **힐버트**(David Hilbert,1862-1943)의 23문제 중 풀리지 않은 3문제 중의 하나이며, 소수(prime numbers)와 기하학 등의 순수수학 분야에서 가장 중요시 되고 있는 미해결 문제입니다. 2, 3, 5, 7과 같은 소수는 순수수학이나 응용에서 중요한 역할을 합니다. 이러한 소수는 어떤 규칙에 의해서 나타나지 않습니다. 그러나 리만은 **리만 제타함수**(Riemann zeta function) ζ(s) = 0의 해와 매우 밀접한 관계를 갖고 나타난다고 주장했습니다. 리만 제타함수를 만족하는 해 중에서 처음 10,000,000,000,000 개의 솔루션에 대해 확인되어 증명이 되었지만 그 이상은 아직도 소수 분포를 둘러싸고 있는 수학의 미스터리로 1백50년간 증명되지 못했습니다. 이 문제를 풀면 컴퓨터 통신의 비밀유지에 크게 기여할 것으로 보고 있습니다.

리만 제타함수 ζ (s) = 1 + 1 / 2s + 1 / 3s + 1 / 4s + …

• P 대 NP 문제(P versus NP Problem)〉 – 미해결

논리, 계산학, 컴퓨터 알고리즘과 관련된 분야입니다. **P는 'easy to find '**개념이고 **NP는 'easy to check '**의 개념입니다. 쉽게 예를 들자면, 대학 기숙사에 4백 명이 입소를 신청했으나 최대 1백 명까지만 수용할 수 있고, 기숙사감은 서로 잘 어울리지 않은 짝들의 학생 명단을 주면서 같은 방에 절대 배정되지 않게 하라고 했습니다. 어떻게 가장 쉽고 빠르게 이를 해결할 100명의 명단을 찾는 알고리

즘을 개발할 수 있을까요? 일종의 NP 문제입니다.

실제로 400명의 지원자 중에서 100명의 학생을 선택하는 총 방법 수는 알려진 우주의 원자 수보다 많습니다!

- **내비어-스토크스 방정식**(Navier-Stokes Equations) - 미해결

이 역시 물리학과 관련된 분야입니다. 우리가 호수를 가로 질러 구불구불하게 지나갈 때 파도가 보트를 따라 가고, 현대적인 제트기에서 우리의 비행을 따라 난기류가 흐릅니다. 이 때 공기의 저항과 같은 현상을 예측할 수 있는 방정식이 19세기에 내비어와 스토크에 의해 발표되었지만 이러한 방정식은 수학적 이론이 뒷받침되지 못하고 있습니다. 과제는 **내비어-스토크스 방정식**(Navier-Stokes Equations)에 숨겨진 비밀을 풀 수 있는 수학적 이론을 향한 상당한 진전을 이루는 것입니다. 이 문제가 해결된다면 비행기와 선박에 크게 응용될 수 있을 것입니다.

- **호지 추측**(Hodge Conjecture) - 미해결

추상적 기하학 분야입니다. 20세기 수학자들은 복잡한 물체의 형태를 관찰하는 효율적인 방법들을 발견하였습니다. 기본적인 아이디어는 주어진 물체에 차원을 증가시켜 가며 기하학적인 방식으로 붙여서 블록을 형성해 갈 때 그 물체의 본질을 어떻게 볼 것인가 하는 문제입니다. 이 기술은 매우 유용하여 여러 가지 방법으로 일반화되었으며, 결국 수학자가 조사에서 접한 다양한 대상을 분류

하는 데 큰 진전을 이룰 수 있는 강력한 도구로 이어졌습니다. 불행히도 절차의 기하학적 기원은 이 일반화에서 모호해졌습니다. 어떤 의미에서는 기하학적 해석이 없는 조각을 추가해야했습니다. **호지 추측**(Hodge conjecture)은 사영 대수적 다양성이라고 불리는 특히 좋은 유형의 공간에 대해 호지주기라고 하는 조각은 실제로 대수주기라고 하는 기하학적 조각의 (합리적인 선형) 조합이라고 주장합니다.

• 포앙카레 추측(Poincare Conjecture) – 해결됨

도형과 관련된 기하학, 위상수학 분야입니다. 만일 우리가 사과 겉표면을 고무밴드로 감는다면 우리가 원하는 어떤 점까지 사과를 자르지 않고 고무밴드를 늘릴 수 있다. 반면에 똑같은 고무밴드로 도넛 주위를 감는다고 가정해보면 우리가 원하는 점에 고무밴드가 닿게 하기 위해서는 고무밴드나 도넛을 자르지 않고 할 수 있는 경우가 없습니다. 이런 다른 점 때문에 사과의 표면은 **단순연결**(simply connected)되었다고 하는 반면에 도넛은 그렇지가 않다고 합니다. 약 1백 년 전에 포앙카레는 2차원적 구모형은 이러한 단순연결의 성질을 갖고 있지만 3차원적 구는 어떨까 하는 질문을 던졌습니다. 이 질문은 매우 어려운 문제로 많은 수학자들이 고심하였습니다. 이 추측은 러시아 수학자 그레고리 **페렐만**에 의하여 해결되었습니다.

• 버치와 스위너튼-다이어 추측(The Birch and Swinnerton Dyer Conjecture) – 미해결

기하학적 아이디어와 관련된 분야입니다. 수학자들은 x2 + y2

= z2 과 같이 문제를 정수를 이용한 **대수방정식**(algebraic equation)으로 나타내기를 좋아합니다. 이러한 방정식에 대하여 유크리드는 이미 완벽한 해를 보여 주었습니다. 그러나 좀 복잡한 방정식일 경우에는 문제가 어렵게 됩니다. 1970년에 마티야세비치(Yu. V. Matiyasevich)는 힐버트의 열 번째 문제가 풀 수 없는 것이라는 증명을 하였습니다. 즉, 어떤 방정식이 해를 갖고 있을 때 어떻게 결정을 할 것인가에 대한 일반적인 방법은 없다는 것입니다. 그러나 특별한 경우에는 무언가를 말할 수 있습니다. **버치와 스위너튼-다이어의 추측**(Birch and Swinnerton Dyer Conjecture)은 해가 **아벨 변수**(Abel variable) 위에 있을 경우에 그러한 점들의 집단의 크기는 제타함수 값이 0일 경우에는 무한개의 해가 있고, 1에서 제타함수 값이 0이 아닐 경우에는 유한개의 점만이 존재한다는 주장입니다.

• 언급한 수학난제 7문제 중 포앙카레 추측라는 문제를 러시아의 수학자 **그레고리 페렐만**(Grigori Yakovlevich Perelman,1966~)이 2002년도에 풀었으며 몇 년의 검증 끝에 해법에 문제가 없음이 발견되었습니다. 혹자는 현존하는 세계 최고의 천재를 2명 꼽자면 러시아의 그레고리 페렐만과 프린스턴 고등연구소의 **에드워드 위튼**(E. Witten)을 들기도 합니다(그 이전 세대로는 아인슈타인, 폰 노이만 등을 들기도 하지요).

그레고리 페렐만은 2002년 11월쯤에 정식 논문집도 아니고, 인터넷에 A4 3~4장 분량의 논문 하나를 올렸는데 알고 보니 수학의 7대 난제 중 가장 유명한 푸앵카레의 추측이었습니다. 이 사실을 알게 된 후 많은 사람들이 이 논문을 보았고 대학 교수진이 약 3~4년에 걸쳐 검증을 실시했고 그 결과 페렐만의 증명이 옳다고 밝혀냈습니다.

미국 매사츠세츠주의 클레이 수학연구소는 페렐만에게 100만달러 상금을 수여한다고 밝혔으나 그는 사양했고, 그 이유는 자신은 돈과 스포트라이트에 관심이 없다고 말했습니다. 2006년 스페인 마드리드에서 열린 국제 수학연맹 총회에서 필즈상 수상자로 결정해서 그에게 시상식에 오라고 요청했으나 그마저 거부했습니다. 도저히 안되 국제수학연맹의 회장이 직접 상트 페테르부르크에 찾아가서 상 받으라고 부탁했으나 역시 사양하였다 합니다.

페렐만은 러시아뿐 아니라 세계 수많은 언론들이 그를 찾아갔거나 추적했지만 못 찾다가 결국 한 허름한 아파트에서 노모와 함께 검소하게 생활하고 있음을 알게 되었으며 자택 인근 숲속에서 버섯을 채취하다가 발견되었다고 합니다. 그래서 그를 "은둔의 수학자"로 부릅니다.

러시아수학자 그레고리 페렐만(Grigori Perelman)과 노모와 산책하는 그의 모습(영국 guardian지와 페렐만 페이스북 참조)

13.4. 보험상품(Insurance Goods) 속의 수학

수학의 난제를 해결하는데 시한은 없습니다. 설사 당장 완벽한 정답을 못 찾는다 해도 연구과정에서 수학의 발전과 보급에 상당히 기여를 할 것입니다. 밀레니엄문제를 해결했을 경우에는 바로 제출하는 것이 아니고, 세계적으로 권위를 인정받는 학술지에 이를 먼저 발표한 후 2년이라는 시간적 여유를 두어 확실하게 수학계의 검증을 거친 후에야 클레이 수학연구소에서는 공식적 심사를 결정합니다.

우리가 잘 모르고 있지만 수학은 우리의 삶 속에 녹아 있고, 우리 모두는 수학적으로 생각하고 행동합니다. 간단히 예를 들어, 가장 좋은 예금과 **보험상품**(insurance goods)을 고르는 일, 슈퍼마켓에서 가장 효율적인 쇼핑을 하는 일, 한 지점에서 다른 한 지점으로 가는 가장 짧은 지름길을 찾는 일 등이 일상에서의 수학적 행동들입니다.

수학적 사고의 두 축은 엄밀하고 명쾌한 논리 전개와 상상의 날개를 마음껏 펼 수 있는 생각의 자유로움이지요. 종합적인 분석능력과 자유로운 사고방식에 훈련된 수학적 사고에 익숙한 사람들은 수학과 직접적으로 관련이 있다고 볼 수 없는 일반분야에서도 뛰어난 위기해결능력과 더불어 창의적인 관리능력을 발휘하곤 합니다.

• 미국, 프랑스, 독일 등의 선진국들이 중, 고등학교와 대학에서 수학 과목을 집중적으로 교육하는 이유가 여기에 있습니다. 수학 실력이 국력과 비례한다는 것은 이미 알려진 사실입니다. 이를 증

명하는 통계자료도 많습니다. 수학의 중요한 학문적 특징 중의 또 하나는 모든 것이 증명된 상태에서 앞으로 나아가기 때문에 학문적 성과와 업적이 누적된다는 점입니다. 수학적 실력은 우수한 과학기술과 직결되며 그것은 쌓아지고 누적 되어져 가기 때문에 우리 수학분야 육성과 발전에 국가적 관심과 노력을 아끼지 않아야 할 당위성이 또한 있습니다.

• 수학과 수학적 사고는 인류 역사에서 과학과 기술 뿐만 아니라 사회와 사상 그리고 예술 등 다방면에 지대한 영향을 끼쳐 왔고, 앞으로는 더욱 그럴 것입니다. 우주만물 그 자체이고, 이를 표현하는 언어라고 할 수 있는 수학! 수학의 신비에 대한 끊임없는 도전이 인류 문명을 더 찬란히 꽃피우게 하는 열쇠가 될 것입니다. 지금도 어느 골방에서 밀레니엄 수학난제를 풀려고 노력하고 있는 많은 이들이 있을 것이고, 우리나라에서도 국력에 걸맞는 훌륭한 수학자들이 많이 나오기를 기대합니다.

Chapter 14

여론조사와 투표 속의 수학

14.1. 여론조사(Public Opinion Poll)

2016년 6월 23일, 영국국민은 유럽연합(EU)에 잔류할 것인가 말 것인가를 결정하는 투표, 즉 '**브렉시트**(Brexit)' 국민투표를 실시하였습니다. 투표결과에 전 세계의 이목이 집중되었습니다. 왜냐하면 투표결과는 전 세계적으로 정치 경제 무역 등에 영향을 미칠 수 있기 때문이었지요. 23일 투표 바로 전에 **여론조사**(public opinion poll) 결과가 발표되었는데 대부분 EU 잔류를 지지하는 응답자가 전체 응답자의 52%–55% 범위였습니다. 하지만 실제 투표 결과는 이러한 여론조사를 비웃기라도 하듯이 탈퇴 51.9%, 잔류 48.1%로 탈퇴를 지지하는 결과로 마무리되었습니다. 따라서 잔류를 점친 여론조사와 실제 투표 결과와의 괴리에 많은 이들은 당황하였습니다.

이처럼 본 게임에 앞선 여론조사가 늘 정확하지 않다는 것을 우리는 경험하였습니다.

여론조사 속에는 복잡한 수학이 들어있습니다. 우리나라에서뿐만 아니라 세계 어느 나라에서나 선거철이 되면 여론조사가 실시되고 그 결과를 공표하곤 합니다. 후보들은 여론조사에 웃고 울며, 유권자는 여론조사를 보고 미는 후보의 당선여부를 짐작하기도 하고, 찍을 후보를 바꾸기도 합니다.

• 여론조사는 얼마나 믿을 수 있을까요? 여론조사에는 **표본집단**의 규모와 성격, **표본오차**, 질문지의 **공정성**, **조사방법**, **응답률** 등 공정하고 정확한 여론조사를 위해 영향을 끼치는 요소들이 많습니다. 여론조사를 접하는 유권자들은 발표되는 숫자에 신경쓰기 전에 스스로 몇 가지 사항을 꼼꼼히 살펴볼 필요가 있습니다.

첫째, 누가 여론조사의 **주체**이며 후원자인가를 우선 살펴야 합니다. 선거의 결과와 이해관계가 분명하게 있는 기관에서 실시한 여론조사 결과는 신뢰성에 문제가 있을 소지가 많습니다. 조사의 응답률도 신뢰도에 중요한 요소이며 조사방법도 재고해야 합니다. 응답률이 10%라고 할 경우 100명 중 10명만 답한 것이고, 이는 적극적 지지층의 의견이 강하게 드러난 조사이니 응답률 20%보다 신뢰성이 떨어진다고 봐야 합니다.

조사 방법도 전화조사인지, ARS인지, 인터넷 온라인조사인지도 따져봐야 합니다. ARS는 신뢰성이 떨어지는 방법이나 눈치 보지 않고 솔직하게 대답하는 경향이 높고, 인터넷온라인 조사도 동기유발이 강한 집단이 참여하고 특정집단에 유리할 가능성이 많아

신뢰성에 문제가 있을 수 있습니다.

둘째, **표본집단**의 성격을 참고해야 합니다. 표본집단을 정하는 방법에는 임의, 할당, 무작위 추출방법이 있습니다. 임의는 그야말로 길가는 사람 아무나 붙잡거나 혹은 아무 전화번호에 걸어서 하는 방법 같은 것이고, 할당은 유권자 인구구성과 지역까지를 감안하여 표본을 구성하는 방법이며, 무작위는 모집단에서 무작위로 추출하는 방법입니다.

이상적인 표본집단이라면 모집단(전체 유권자수)의 성격을 가장 근접하게 반영시킨 샘플링을 하는 것입니다. 표본집단은 여론조사의 신뢰성을 가늠하는 중요한 부분이기 때문입니다. 가령 연령, 지역, 직업, 성별, 종교 같은 기초변수와 더불어 과거 투표율과 현재 유권자 전국 인구 분포까지 입체적으로 반영한 표본집단 샘플링인지 확인해야합니다.

셋째, **질문지**의 내용과 어투 그리고 질문 방식이 객관적이고 중립적인가도 중요합니다. 질문에 따라 얼마든지 유도한 결과를 얻어낼 수 있기 때문입니다.

표본오차는 **신뢰성**을 나타내는 숫자로 조사결과가 평균으로부터 얼마나 벗어나 있느냐를 말하는 데이터이니 작을수록 좋습니다. 신뢰성 있는 여론조사를 수행하고 집계결과를 과학적으로 도출하기 위해서는 고도의 통계와 확률론에 능통한 자가 참여하는 것이 절대적으로 권장됩니다.

신뢰성과 공정성에 의문이 가는 여론조사가 많은 나라에서 유권자들의 행동과 결정에 영향을 끼치곤 합니다. 신뢰성 있는 여론조사는 표본집단을 모집단에 가장 근접하게 구성하고, 응답률을 높이는 방법을 찾아서, 과학적이고 객관적인 질문으로 갈팡질팡하는 조용한 사이런트 유권자의 성향까지를 분석해 낼 수 있는 조사를 진행하려고 노력합니다.

따라서 우리나라 국민과 유권자들은 여론조사의 결과만 보고 일희일비하거나 크게 영향을 받기보다는 여론조사의 방법에 대해서도 관심을 가져볼 필요가 있습니다.

• **통계**와 **확률**을 전공한 수학자들은 수집된 자료와 정보를 이용하여 불확실한 사실에 대해 과학적인 판단을 내릴 수 있는 근거와 방법을 제시할 수 있도록 훈련 받습니다. 올바른 정보수집 능력과 다양한 정보 분석 방법을 교육받은 전문인력들이 여론조사를 관장하는 것이 바람직하며, 정확한 결과 도출을 위해서 필연적으로 논리적 사고와 고도의 컴퓨터 활용 능력도 요구됩니다.

요즈음 국가간의 관계는 영원한 적도 영원한 친구도 없는 냉정한 국제사회 질서 속에 자국의 이익만이 우선시되고 있는 상황입니다. 국가의 좋은 지도자를 뽑는 중요한 선거에서 선거의 결과를 예측하는 여론조사가 과학적이고 수학적인 방법론에 근거하여 신뢰성 있게 진행되기를 바랄 뿐입니다.

여론조사는 대부분 정치적 선거와 관련이 있습니다. 선거제도의 선택은 가장 중요한 민주주의 제도 중 하나입니다.

14.2. 민주주의(Democracy)

민주주의(Democracy)는 그리스어의 **민중**(demos)과 **지배**(cratos)의 합성어인 민중의 지배(domination)에서 유래하였습니다.

모든 민주주의에 대한 결정이며, 거의 모든 경우에 특정 선거인의 선택제도는 관련 국가의 미래 정치 생활에 중대한 영향을 미칩니다. 선거 제도는 일단 선택되면 정치적 이해가 굳어지면서 비교적 일정하게 유지됩니다.

완전한 인간은 없기 때문에 개인이나 독재자의 결정보다는 대다수가 참여하는 여론조사나 선거가 보다 합리적이고 위험요소를 줄이는 방법이므로 민주주의 제도로 택합니다.

Type of Poll	Description of Poll
straw	informal collection of opinion; non-random; not representative; pop-up question
tracking	repeated over time with same group of respondents; following policy or person
exit	taken as voters leave/exit the polling locations after an election
push	poll uses leading questions in an attempt to get a predetermined answer; may be used to influence a targeted audience with the skewed polling data
Type of Sample	**Description of Sample**
random	limited number of people from overall population selected; each person in overall population examined has equal chance of being chosen to participate in the poll
representative	group whose demographic distribution is similar to the overall population sought for the poll

여론조사의 몇 가지 내용에 대해서 소개합니다. 투표방법에서는 조사투표(straw), 추적설문조사(tracking), 출구조사(exit), 푸시설문조사(push)가 대표적이고, 조사표본면에서는 임의그룹(random)과 심층추출표본대상 여론조사가 있습니다(lumenlearning.com 참조).

· **자유민주주의**를 실천하는 중요한 도구 중의 하나인 투표에는

여러 가지 종류가 있습니다.

첫째, **최다득표제**(first-past-the-post, 단순다수제)는 보편적으로 유권자가 하나의 투표권을 갖으며, 한 사람을 뽑는 투표 방식으로 우리나라에서 초등학생 반장 선거에서부터 대통령 선거에 이르기까지 많은 선거에서 따르는 방식으로 제일 많은 표를 얻은 후보를 당선시키는 방식입니다. 당선자는 가장 많은 표를 얻은 후보이지만 반드시 투표권의 절대 과반수는 아닌 경우도 있습니다.

둘째, **점수투표제**는 유권자의 선호 순위에 따라 후보들에게 각 차등화된 점수를 부여하고 합산하여 가장 높은 점수를 얻은 후보를 선택하는 방식입니다. 예를 들어 A, B, C 세 명의 후보가 있고 어떤 유권자의 각 후보를 좋아하는 순서가 B〉C〉A일 때 A에 1점,B에 3점,C에 2점을 부여하는 것입니다. 후보별로 점수를 합산하여 가장 높은 점수를 얻은 후보가 당선되는 것입니다. 노벨경제학상을 받은 **에릭 메스킨**(mechanism design, 이론가) 교수 점수투표제가 다수결제도보다는 민의를 더욱더 잘 반영하는 투표제도일 것이라고 제안한 바 있습니다. 만약 어떤 후보를 극도로 싫어하는 유권자가 많을 경우, 유력후보이지만 당선되지 않을 수 있습니다.

셋째, **선호투표제**는 점수투표와 비슷하지만 약간 복잡합니다. 유권자의 선호도에 따라 후보들의 순위를 매기고, 1순위 표를 받지 못하거나 가장 적게 받은 후보를 탈락시키고 그 표를 나머지 후보에게 나누어줍니다. 그리고 표를 다시 세어 1순위 최소 득표자를 또 제외합니다. 마지막 2명이 남을 때까지 이 과정을 반복한 후 최종 당선자를 결정합니다.

에릭 매스킨(Eric s. Maskin)하버드대학교 수학 및 경제학교수는 '**메커니즘 디자인**' 이론(Mechanism design theory)으로 2007년 노벨 경제학상을 수상했으며(공동수상자: 레오니트 후르비치, 미국 미네소타대; 로저 마이어슨, 미국 시카고대), 수학자 출신의 매스킨 교수는 "수학은 예술처럼 아름다운 학문이며, 경제학은 세상에 도움을 줄 수 있는 학문이라 매력적"이라고 말했습니다. 그에 의하면, "메커니즘 디자인이란 한 사회의 목표를 달성하기 위해 '제도(메커니즘)'를 '설계(디자인)'하는 것을 말합니다. 어떤 한 목표를 달성하기 위한 여러 정책들 가운데 어떤 것이 최적인지를 결정하는 것이 메커니즘 디자인입니다."(하버드대학교 홈페이지 참조)

넷째, **쌍대비교투표제**도 있습니다. 이 방식에서는 두 후보씩 짝을 짓고 비교하여 더 많은 지지를 얻은 후보에게 1점, 동일한 지지를 얻었을 때는 각각 0.5점을 주고 이를 합산하여 가장 높은 점수를 얻은 후보가 당선됩니다.

다섯째, **찬성투표제**가 있는데, 이는 지지하는 후보 모두에게 찬성표를 주는 방식입니다. 그 결과 가장 많은 표를 얻은 후보가 당선되는데, 유엔사무총장 선거가 이 방식을 따릅니다. 찬성투표는 유권자가 의견을 융통성 있게 표현할 수 있기 때문에 투표율을 높이는데 기여할 수 있으며, 종합적으로 가장 높은 지지를 받는 후보를 가려낼 가능성이 높습니다.

여섯째, **결선투표제**는 다수결에서 가장 많은 표를 얻은 후보자의 득표가 전체 유권자의 통상 50%이상을 넘어야 당선됩니다. 과반 득표자가 나오지 않을 경우 일반적으로 1차 투표에서의 상위 2명을 대상으로 2차 결선투표를 실시합니다.

이제 우리에게도 투표제를 통한 민주주의에 대한 연구와 토론과 숙의가 필요한 시점이 아닐까요?

Chapter 15

금융시장 (Financial Market) 속의 수학

금융업계에서 일하는 **양적 분석가**(quantitative analyst) 또는 **"퀀트**(quants)"는 수학 및 통계 기술을 사용하여 금융상품, 금융시장 및 금융시장참여자의 행동을 연구, 측정 및 평가합니다. 양적재무분석가들인 퀀트들은 상업은행, 투자은행, 자산관리회사 및 헤지펀드를 포함하여 증권 업계의 모든 회사에서 근무하며, 보험회사, 경영컨설팅회사, 회계회사 및 금융소프트웨어 회사들도 퀀트를 고용합니다.

15.1. 블랙-숄즈 모형(Black-Scholes Model)

1960-70년대에 퀀트가 금융계에 등장하기 시작했을 때만 해도 사람들은 수학을 전공한 사람들이 금융에 대해 뭘 알겠냐며 큰 기대를 하지 않았습니다. 하지만 복잡한 수학 계산을 통해 이전에 해결하지 못했던 문제를 풀어내면서 금융회사들은 퀀트와 수학을

주목하기 시작했지요. 대표적인 사례가 **블랙-숄즈 모형**(Black-Scholes Model)을 이용해 금융파생상품의 가격을 결정할 수 있게 된 것입니다. 금융파생상품이란, 주식이나 예금 같은 기초적인 금융 상품을 이용해서 만든 새로운 상품을 말합니다. 일정한 시간이 지난 후 주식 값이 정해진 기준을 넘었는지에 따라 정해놓은 이자를 돌려주는 '**주가연계증권**(ELS)'이 대표적인 예입니다.

블랙-숄즈 모형은 피셔 블랙과 마이런 숄즈가 알베르트 아인슈타인의 브라운 운동 방정식으로부터 1973년에 고안해낸, 유럽형 옵션의 가격을 산출하는 방정식입니다. 이후 로버트 머튼이 참여하여, '블랙 숄즈 방정식'이 블랙-숄츠-머튼 편미분방정식이라고 이름을 붙였습니다. 숄즈와 머튼은 이후 1997년에 노벨 경제학상을 받게 되는데, 피셔 블랙은 1995년에 사망하여 받지 못했습니다(Khan Academy .org 이미지 참조).

• 노벨경제학상을 안겨준 블랙-숄즈 모형을 살펴봅시다. 1970년대 초까지만 해도 이런 **금융파생상품**(financial derivatives)을 대체 얼마에 팔아야 이익이 되는지 명확한 기준이 없었습니다. 파는 사람

과 사는 사람 모두 물건의 원가가 얼마인지 모르다 보니 활발하게 거래할 수가 없었습니다. 하지만 1973년에 금융회사에서 일하던 수학자 피셔 블랙과 경제학 교수인 마이런 숄즈가 금융파생상품의 가격을 책정하는 수학 공식을 발표하면서 거래가 활발해졌습니다. 수학공식 덕분에 금융회사는 팔 수 있는 상품이 많아졌고, 소비자는 고를 수 있는 상품이 많아진 것입니다. 금융파생상품을 설계 하는 퀀트도 이 공식 덕분에 생긴 직업이라고 할 수 있습니다.

이처럼 금융수학은 금융시장의 리스크를 관리하고 새로운 금융상품을 개발하며 금융시장이 건전하게 발전할 수 있도록 창조적인 해결책들을 제공하는 수학의 한 분야입니다. 금융계 퀀트는 수학기초가 튼튼하며 계산 및 수학, 통계 지식이 풍부하고 금융 분야에 관심 있는 수학과 졸업생들이 진출할 수 있는 분야입니다. 앞으로 그 수요가 훨씬 더 커지리라 생각합니다. 그리고 금융계 파생상품의 가격결정 모형을 개발한 이런 블랙–숄즈 방정식 업적은 수학과 경제이론이 접목한 대표적 케이스입니다.

• 미국의 두 수학자인 블랙과 숄스가 만든 고도의 수학이론인 '**블랙–숄즈 모형**(Black-Scholes Model)'을 최초로 금융파생상품에 도입하여 파생상품의 투자가치 계산을 100분의 1로 단축함과 동시에 금융파생상품 시장 고유의 높은 위험 부담을 줄이는 데 공헌했습니다. 수학적으로 복잡하기는 했어도 블랙–숄즈 모형은 비교적 간단한 일련의 변수, 즉 현재의 주식가격, 미래의 옵션 계약부 가격, 만기일, 완료일, 그리고 달리 선택할 수 있는 무결손 투자이율 등에 기초한 것이었습니다.

이 공식을 적용한 결과, 옵션 및 다른 파생상품의 거래가 투자자에게 더욱 매력적인 투자대상이 됨으로써, 얼마 지나지 않아 블랙–숄즈 모형은 전세계 매매업자들에게 주식 옵션 평가를 위한 주요 수단으로 채택되기에 이르렀고, 1970년대 중반이 되자 시카고 증권옵션거래소의 매매업자들은 휴대용 계산기로 즉석에서 옵션 가치를 계산할 수 있게 되었습니다.

• 머턴은 블랙–숄즈 모형에 의거해 자신의 수학 지식을 활용해 무배당 주식을 상정하는 등의 몇몇 제한이 완화될 수 있는 것임을 입증했습니다. 그는 공식에 변화를 주어 주택 저당이라든가 학생 대부 등 옵션 이외의 다른 경제적 문제들과 일반적인 위험관리에도 적용될 수 있음도 보여주었고, 이러한 공적이 인정을 받아 노벨경제학상을 받게 된 것입니다.

최근의 파생금융상품은 기초 자산 외에 그 자신이 다른 파생금융상품과 결합하여 새로운 파생금융상품을 낳고 있으며, 이로 인해 고도의 수학적인 분석 능력 없이는 그 가치조차 제대로 평가하기 어렵다고 합니다.

15.2. 월가(Wall Street)의 수학자

월가의 **퀀트**(Quant)인 수학자들의 업무는 수학적 **모델링**을 활용한 **파생상품**(derivatives)을 설계하는 일입니다. 그들은 금융 증권의 가치를 평가하는 정교한 모델링 작업과 함께 다양한 금융상품을 조직하고 관리합니다. 약간의 오차도 엄청난 손실을 가져올 수 있기 때문에 고도의 수리 능력을 갖춘 석 · 박사급 인재가 대부분이며 우리나라에도 최근에는 미국 월가처럼 퀀트들이 메이저 금융사에 진출해 있습니다.

알고리즘과 기타 정량적 방법을 기반으로 주식 및 기타 유가 증권을 거래하는 사람들인 퀀트는 전 세계적으로 약 1만 명 정도 있습니다. 헤지펀드를 다루는 퀀트들은 글로벌 퀀트베틀(Battle of the Quants Worldwide)를 열어서 전략을 위한 프리젠테이션, 패널 토론 및 양적 자본 도입 회의를 포함한 이벤트 비즈니스를 하기도 합니다. 우리나라에도 퀀트 및 계량투자, 데이터 분석에 관심 있는 자들을 (대학생, 졸업생, 직장인)대상으로 글로벌퀀트 **모의투자대회**가 월드퀀트 주최로 개최되고 있습니다. 우수한 성적을 거둔 팀에게는 상금 및 채용 기회도 있다고 합니다. (battle of the quants.com 참조)

• 미국 등에선 현재 **월스트리트**(wall street) 금융계에 진출하는 수학전공자의 비중이 나날이 높아지고 있으며, 이미 금융상품의 새 모델을 개발하고 금융시장에서의 문제를 푸는데 이용되는 **금융수학** 분야가 이공계 학생들에게 장래가 촉망된 분야로 떠오르고 있습니다. 미국에서 금융수학 전공자의 경우 MBA 졸업생과 비슷한 연봉을 받고 있습니다.

실제로 월스트리트를 움직이는 인물 20명에 이공계 출신이 무려

17명이 포함되어 있을 정도로 현대의 **금융산업**은 복잡한 수학지식을 요구하며, 수학적 배경이 있어야 금융수학 과정 이수가 가능합니다. 국내의 금융시장도 점차적으로 선진금융시장으로 변화되고 있는 증거들이 나타나고 있으며, 단순히 직관에 의존하여 시장을 판단하던 시기는 이미 지났고 실제 수학적 모형을 바탕으로 수치를 구하여 분석할 수 있는 고도의 능력을 가진 사람을 요구하고 있습니다. 미래의 금융 경쟁력은 곧 금융수학에서의 경쟁력이라고 해도 과언이 아닌 만큼 앞으로 우리나라도 수학적 지식과 기반으로 무장한 전문 금융수학인의 양성이 필요합니다.

수학은 현대 과학의 거의 모든 분야의 기초입니다. 같은 방식으로, 현대 데이터 과학의 모든 방법은 특정 수학적계산을 기반으로 합니다. 따라서 금융분야에서도 데이터 처리 및 분석의 전문가가 되려면 수학의 기초를 알아야 그 방법을 올바르게 적용 할 수 있습니다(구글 이미지).

• 수학은 금융이나 계리와 같은 경제 분야뿐만 아니라 일기예보나 교통문제 그리고 **디옥시리보핵산 DNA**(Deoxyribo Nucleic Acid) 해독에 있어 엄청난 양의 계산처리에서 혁명을 이루고 있으며, 안구

나 지문을 통한 생체인식시스템 개발, 첨단 항공기나 무기 개발 및 만화영화나 음악 파일 저장과 같은 첨단 문화산업에서도 그 활용이 다양하게 확대되고 있습니다. 앞으로의 세상에서는 IT, BT, NT, 그리고 CT+ 분야에서 수학의 비중이 더욱 커질 것입니다.

+ IT : Information technology, 정보통신기술
  BT: biology technology, 생명공학기술
  NT: nano technology, 나노기술(초정밀기술)
  CT: culture technology, 문화콘텐츠 기술
  ET: environment technology, 환경공학기술
  ST: space technology, 우주항공기술
  를 포함하여 6T는 차세대 유망 신기술 산업분야입니다.

Chapter 16

암호 및 범죄수사 속의 수학

현대를 사는 우리는 아침에 일어나서 잠들 때까지 하루에도 수백 번 암호를 입력합니다. 휴대폰, 컴퓨터, 아파트 현관, 은행계좌, 공인인증서, 이메일, 인터넷몰, 앱 등 암호 사용 없이는 일상의 생활이 불가능해졌습니다.

16.1. 암호학(Cryptology)의 태동

암호(cryptography, cipher)는 전쟁에서 군사적 목적으로 기원전 450년경부터 사용하기 시작해서 제 1, 2차 세계대전에서 핵심적인 승리요소로 떠올랐습니다. 2차 대전 당시 연합군은 독일군이 "**에니그마**(Enigma)"라는 암호생성기로 만든 암호를 해독하지 못해 고전을 면치 못하고 있었습니다. 에니그마 암호는 매우 정교하게 만들어져 연합군이 독일의 **암호문**(ciphertext)을 입수하더라도 제대로 해독을 할 수가 없었습니다.

에니그마(Enigma) 회전자 기계(rotor machine)입니다. 에니그마는 회전자로 작동하는 암호기계의 한 종류로, '수수께끼'란 뜻입니다. 1918년 독일인 아르투르 슈르비우스에 의해 처음 고안되었고, 제2차 세계 대전 중 나치 독일이 군기밀을 암호화하는 데 사용하였습니다. 난공불락으로 여겨졌으나 폴란드의 암호국에서 해독의 기초를 마련하였고, 이후 앨런 튜링 등 영국의 암호학자들과 정보를 공유하며, 영국의 블레츨리 파크(Bletchley Park)의 암호학자들에 의해 해독되어 연합군승리의 단초를 주었습니다(구글 이미지).

고심하던 영국은 수학 천재 **앨런 튜링**을 비롯해 탁월한 능력을 가진 수학자들과 과학자들을 에니그마 암호문 해독 작업에 전격 투입합니다. 에니그마 해독 작업을 하던 앨런 튜링은 1943년 2,400개의 진공관으로 이루어진 전자식 암호해독기이자 세계 최초의 컴퓨터인 "**콜로수스**(Colossus)"를 개발했습니다. 콜로수스를 이용해 독일의 에니그마 암호문을 완전히 해독하게 된 연합군은 적의 움직임을 파악해 전쟁을 승리로 이끌 수 있었습니다. 이 후 컴퓨터의 발달과 정수론, 타원곡선, 대수기하, 조합이론 등 다양한 수학이론이 동원되면서 암호는 비약적인 발전을 이루게 됩니다.

• 실제로 독일군은 연합군이 에니그마 암호를 해독하는 것은 불가능하다고 믿어 의심치 않았기에, 전쟁이 끝날 때까지 에니그마를

사용하였습니다. 그러나, 영국은 난공불락이던 에니그마를 해독하는 데 성공하였고 암호 해독을 통해 끝이 보이지 않던 전쟁에서 연합군이 승리할 수 있었습니다.

• 영국 최고의 수학자와 과학자들을 불러모아 블레츨리 파크에서 암호해독작전에 돌입했을 때 단연 두각을 드러낸 인물은 수학자 **튜링**(Alan Turing, 1912-1954)이었습니다. 수학에서 "계산"이 어떤 의미인지를 탐구했던 그는 컴퓨터의 기본 원리를 구상하였고, 에니그마를 해독하던 경험을 바탕으로 하여 콜로서스(Colossus)라는 컴퓨터로 구현되었습니다. 군사 기밀이었던 탓에 미국에서 만든 **에니악**(ENIAC)보다 늦게 공개되었지만, 지금은 블레츨리 파크에서 만들었던 콜로서스가 세계 최초의 전자식 컴퓨터로 인정되고 있습니다.

현재 우리가 전자서명이나 공인인증서들 바탕으로 한 전자상거래 등에 주로 사용하는 암호에는 공개키 암호 방식의 하나인 **RSA 암호**가 이용되고 있습니다. RSA암호 이전의 암호체계는 문장을 암호문으로 만드는 열쇠(암호화)와 암호문을 문장으로 풀어내는 열쇠(복호화)가 같아서 암호화 열쇠만 있다면 누구나 암호문을 풀어낼 수 있는 약점을 가지고 있습니다.

• RSA암호체계는 보안성과 편리성이 강화된 새로운 체계로서 1977년 로널드 **라이베스트**(Ron Rivest), 아디 **샤미르**(Adi Shamir), 레오널드 **애들먼**(Leonard Adleman)의 연구에 의해 체계화되었으며 이들 세 명의 이름을 따서 RSA암호라 칭합니다. RSA암호는 숫자가 커질수록 소인수분해가 어려워진다는 사실에 바탕을 두고 설계되었으며, 암호를 생성하는 기본원리도 생각보다 단순합니다. RSA

암호체계에서 암호화 작업을 하기 위해서는 만든 사람만이 알 수 있는 두 소수(素數)를 곱한 숫자로 암호화 작업을 하고 그 숫자는 공개합니다. 하지만 암호를 풀기 위해서는(복호화) 곱해진 두 소수를 알아야하는데 그 숫자는 공개하지 않고 비밀로 해둡니다. 그러므로 암호문을 풀기 위해서는 공개된 숫자를 2개의 소수로 **소인수분해**(prime factorization) 하여야만 하는데, 숫자가 커질수록 컴퓨터를 이용한다고 할지라도 소인수분해에 걸리는 시간은 기하급수적으로 길어집니다. RSA암호는 소수를 이용하여 대응되는 값을 계산하기는 쉽지만 역대응되는 값을 계산하기는 어렵도록 만든 암호체계입니다.

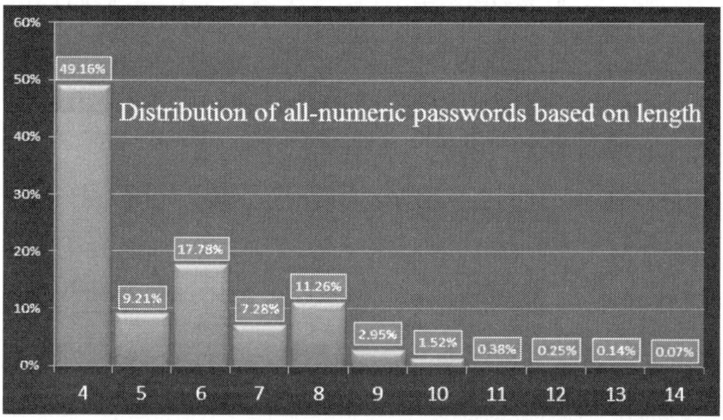

우리가 늘 사용하는 암호의 길이에 대한 분석에서 4자리가 가장 많았고, 다음은 6자리, 8자리 순이었습니다. 예측 가능하지 않은 암호를 사용하는 것이 권고됩니다(datagenetics.com 이미지).

• 암호의 어원은 그리스어의 비밀이란 뜻을 가진 **크립토스**(kryptos)로 알려져 있습니다. 사전적 정의는 통신문의 내용을 제3자가 판독할 수 없도록 글자, 숫자, 부호 등으로 변경시킨 것입니다. 아주

옛날에는 비밀을 유지하기 위해 기록을 하지 않고 직접 말로 전하는 방법을 사용했고, 또한 사자와 같은 동물의 털을 깎아 메시지를 쓰고, 털을 길러 보내면 받는 사람이 털을 깎아 메시지를 확인하는 방법도 이용했습니다. 원시적인 방법을 벗어나 조금 더 과학적인 방법은 암호를 받은 사람이 종이를 불빛에 가져다 대거나 물에 담그면 메시지가 나타난다거나 하는 방법인데 이러한 암호 전달 방법을 **스테가노그래피**(Steganography)라고 하는데 이 방식을 이미 터득한 사람에게 비밀 유지가 어렵다는 한계가 있습니다. 하지만 이런 노력들을 시작으로 가장 안전한 암호를 만들기 위한 노력은 계속되어 왔습니다.

• 최초의 암호문은 **스파르타**(sparta) 시대의 **스키테일**(scytale) 암호입니다. 기원전 450년경 당시 그리스 도시국가에서 전쟁터에 나가 있는 군대에 메시지를 보낼 때 사용한 암호로, 암호를 공유하는 사람들끼리 같은 굵기의 원통형 막대를 가졌는데 이 원통형 막대의 이름이 스키테일이었습니다. 암호를 보내는 사람은 스키테일에 일정한 굵기의 종이를 나선으로 말아 가로로 전달할 메시지를 씁니다. 막대에 감았던 종이를 풀어 글자 순서가 섞인 상태로 전달하면 암호를 받는 사람은 사전에 함께 나눠 가진 같은 굵기의 스키테일에 종이를 감아 원래 메시지가 무엇이었는지 확인합니다. 그러나 스키테일 암호는 원통의 굵기를 아는 사람이라면 해독이 가능할 수 있기 때문에 보안에는 취약했다고 볼 수 있습니다.

• 로마의 황제였던 **율리우스 카이사르**(Julius Caesar)는 암살당하기 전 가족들로부터 긴급 메시지를 받았습니다. 메시지에는 'EH FDUHIXO

IRU DVVDVVLQDWRU'라 쓰여 있었습니다. 이는 각 알파벳 순으로 세 자씩 뒤로 물려 읽는 방법으로 암호를 만든 것으로 암호문을 해독할 때는 알파벳 순서에서 3문자씩 당겨 읽으면 본래 메시지를 알 수 있었습니다. 카이사르가 받은 메시지를 3글자씩 당겨서 읽어 보면 뜻은 'BE CAREFUL FOR ASSASSINATOR(암살자를 주의하라)'는 메시지였습니다. 이 카이사르 암호는 카이사르 암호 방식으로 몇 문자씩 이동할지를 바꿔 가면서 사용할 수 있었기에 스키테일암호보다는 보안이 조금 더 강화되었지만 이 또한 몇 번만 시도해 보면 금방 풀 수 있는 암호 방식이었습니다. 스키테일 암호와 카이사르 암호 모두 키가 동일한 대칭형 암호에 속합니다. 대칭키 암호 방식에서는 암호화 키와 복호화 키가 동일한 비밀키를 사용하기 때문에 송신자와 수신자는 비밀 통신을 하기 전에 비밀키를 공유하고 있어야 한다.

16.2. 암호 속의 수학

공개키(public key) 암호 방식에서는 하나의 쌍이 되는 공개키와 **비밀키**(secret key)를 생성하여 암호화에 사용되는 공개키는 공개하고, 복호화에 사용되는 비밀키는 사용자가 안전하게 보관하도록 합니다. 공개키 암호 방식에서는 송신자와 수신자가 사전에 키를 공유할 필요가 없기 때문에 불특정 다수 사용자 간에 사전 준비 없이도 암호 통신망을 구축하는 데 유용하게 사용할 수 있습니다. 오늘날 표준으로 사용되는 암호화 방법은 공개키 암호인 'RSA 알고리즘'인데 가장 큰 특징은 공개키 암호라는 점입니다. RSA 알고리즘의 기본적인 개념은 **소수**(prime number)를 이용하는 것입니다. 소수는 1과 자기 자신만으로 나누어 떨어지는 1보다 큰 양의 정수를 말합니다. 두 소수의 곱으로 이루어진 수가 어떤 수로 이루어지는가를 찾아내는 과정에서 RSA암호 만들기가 시작됩니다. 예를 들어 143은 소수 13과 소수 11의 곱이라는 것을 구하는 것입니다. 그리고 그 소수를 바로 암호로 이용하는 것이 아니라 복잡한 암호화 과정을 거쳐 암호문으로 만들기 때문에 암호를 분석해 내는 것은 더 오랜 시간이 걸립니다. 수의 자릿수가 커질수록 어떤 소수의 곱인지 찾아내는 것은 매우 힘들어지고, RSA 암호체계의 안전성은 큰 숫자를 **소인수분해**하는 것이 어렵다는 것에 기반을 두고 있습니다.

두 소수 101과 103을 예로 **RSA의 원리**를 알아봅시다. 컴퓨터에서 모든 문자는 수로 바꾸어 생각할 수 있으므로, 수를 암호화하는 과정만 생각하면 됩니다. 암호를 받을 사람은 암호화키로 (10403, 7)을 공개합니다. 여기서 10,403은 101과 103의 곱이고, 7은 (101−1)×(103−1)과 서로소인 수를 하나 고른 것입니다. 암호를 만드는 키를 공개한다는 점에서 이러한 암호 체계를 공개키 암호 체계라 부릅니다.

• 스마트폰이 출시될 때마다 **지문**, **안면인식**, **홍채인식**(iris recognition) 등의 잠금 방법이 큰 이슈가 되곤 합니다. 생체인식 암호 중 일찍부터 널리 사용돼 왔던 것은 지문인식입니다. 지문은 태아 3개월 때 만들어져 그 모양이 변하지 않고, 사람마다 지문이 모두 다르기 때문에 유일한 암호로 사용 가능합니다. 안면인식도 흔히 쓰이는데, 눈썹 간 거리, 얼굴뼈의 돌출 정도와 같은 특징을 활용하여 인식하며, 또한 얼굴 혈관에서 발생하는 열을 적외선 카메라로 촬영해

디지털정보로 변환하여 인식하기도 합니다. 그러나 사람의 표정변화에 따라 인식을 못하는 경우도 있고, 조명에도 민감해서 변장 및 노화에 따른 얼굴 인식에는 현재 취약한 상태입니다.

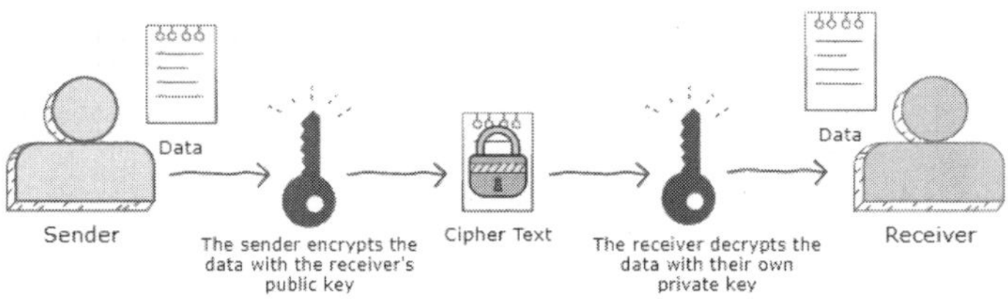

RSA 알고리즘은 비대칭 암호화 알고리즘입니다. 공개키와 비밀키(수학적으로 연결된 두개의 서로 다른 키)를 사용합니다. 이름에서 알 수 있듯이 공개키는 공개적으로 공유되는 반면 비밀키는 개인비밀이 있으므로 다른 사람과 공유해서는 안 됩니다. RSA 알고리즘은 위의 그림에서 키가 가능한 한 안전 하도록 합니다. 작동 방식을 간단히 설명 드리자면, 두 개의 큰 소수 (xx 및 yy)를 선택 후 n = x * yn = x * y를 계산합니다. 함수를 계산합니다. ϕ(n)=(x−1)(y−1). 정수 ee를 선택하여 ee가 ϕ(n) and 1 〈 e 〈 \phi(n)1〈e〈ϕ(n)공통 프라임 숫자가 되도록 합니다. 숫자 쌍 (n, e) (n, e)는 공개 키를 구성합니다.

보안시설 출입 시 영화에 자주 등장하는 홍체인식 보안키가 얼마전 출시된 스마트폰에 최초로 도입되어 큰 화제가 되었습니다. 홍채인식은 인식기에 사람 눈을 맞추면 적외선 카메라가 사용자의 홍채를 이미지화하는데, 이를 개인 고유의 홍채코드를 생성하고 등록한 후 비교하는 방식으로 이뤄집니다. 쌍둥이는 물론 사람의 양쪽 눈 홍채도 달라 현존하는 생체인식 방식 중 보안성이 가장 뛰어나다고 할 수 있습니다. 생체정보는 자신만 가진 유일한 고유정보 입니다. 따라서 아주 강력한 암호가 될 수 있지요. 하지만 유출되면 자신을 입증할 새로운 방법을 찾아야 한다는 맹점이 있습니다.

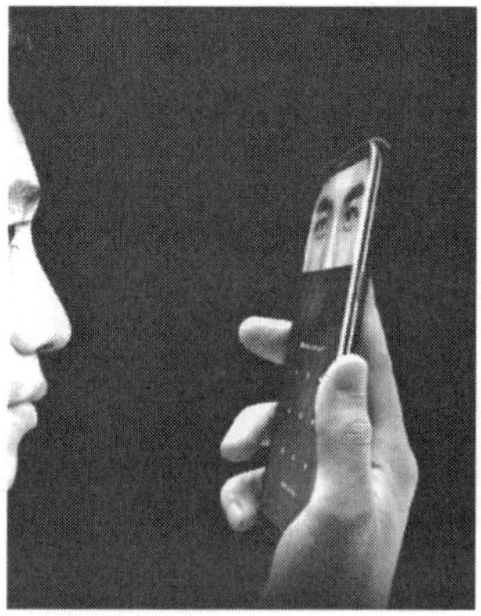

S사 갤럭시 S8에 홍채인식 기능이 탑재되었으나 보안사고가 있었고 사용자도 많지 않아 S10부터는 다시 빠지게 되었다고 합니다. 지문 인식 암호는 사고나 시간흐름에 따라 인식하기 어려운 경우가 생기나 홍채는 시력상실이라는 경우를 제외하면 인식이 가능하기 때문에 유용합니다. 설사 안구적출을 당하더라도 홍채의 신경이 끊어져 변형이 와서 도용될 가능성도 없는 것으로 나오는 등 보안기능이 뛰어나 상용화에 사용될 것입니다(구글 이미지).

• 암호는 정보를 주고받는 사람이 둘뿐이라면 간단합니다. 둘만 아는 비밀 단어를 정하는 것만으로도 중요한 정보가 마구 노출되는 일이 줄어들기 때문입니다. 가장 단순한 암호는 글자를 바꾸는 것입니다. 역사적으로 보면 알파벳의 각 글자를 정해진 수만큼 다음 글자로 바꾸는 방식인 카이사르 암호가 있습니다. 예를 들어, A는 D로, B는 E로, C는 F로 차례대로 바꾸는 식이다. 그러나 이 방식의 암호는 글자 몇 번 바꾸어 보는 걸로 너무 쉽게 풀립니다.

영어라면 최악의 경우 26번만 시도해 보면 되지요.

에드거 앨런 포우(Edgar Allan Poe, 1809-1849)의 걸작 단편 "황금충(The Gold-Bug)"에 암호가 등장합니다. 글자를 바꾸는 방법이 셀 수 없이 많으므로 하나하나 바꿔 보는 방식으로는 해독할 수 없으나 통계적인 방식을 동원하면 어렵지 않게 풀 수 있습니다. 소설 속 주인공은 기호가 나타나는 빈도를 분석하여, 가장 많이 나타난 기호 ; 가 영어에서 가장 자주 쓰이는 글자 e라는 식으로 암호문을 풀어 나갑니다. 암호문에 약간의 비밀 단어가 쓰였지만 뛰어난 추리력으로 주인공은 결국 캡틴 키드가 숨겨 놓은 보물을 발견합니다.

16.3. 정보보안(Information Security)

암호학자 **샤미르**(Adi Shamir)는 **보안의 3원칙**에 대해서 첫째, 절대적으로 안전한 체계는 존재하지 않는다. 둘째, 취약점을 반으로 줄이려면 비용을 두 배로 늘려야 한다. 셋째, 암호는 일반적으로 우회하는 것이지 뚫는 것이 아니다라고 언급했습니다.

기계 장치를 써서 문자를 바꾸는 경우의 수를 대폭 늘이는 방법이 대표적으로 2차 세계대전에서 독일이 사용하였던 장치인 **에니그마**(Enigma)에서 사용되었습니다. 글자를 치환하는 방법이 무려 1.6×1020가지에 달하여 그때까지 알려져 있던 방식으로는 암호를 깨뜨릴 수가 없었습니다.

현대 사회에서 수많은 암호 체계가 제안되었다가, 생각지도 못한 방식으로 깨지는 일이 흔합니다. 널리 쓰이고 있는 RSA에 극소

수만 알고 있는 우회로가 있을지도 모르는 일입니다. 정말로 그렇다면 새로운 암호는 어떤 원리로 구현되어야 할까요? 암호의 세계에서는 그야말로 창과 방패의 끝없는 전쟁이 벌어지고 있습니다.

좌) 〈황금충〉 에드거 앨런 포우가 1843년 발표한 단편소설로 황금색 벌레에게 물린 레그런드라는 사람이 주인공인데, 주위사람들은 그가 황금충에 물린 뒤로 미쳐간다고 두려워하고, 레그런드는 하인과 친구에게 해적 윌리엄 키드 선장이 숨겨놓은 황금을 찾도록 암호를 이용합니다. 포의 추리 단편으로 1840년 대중들이 비밀스러운 이야기를 좋아한다는 것을 알고 일부러 암호적 요소를 독자에게 주는 도전적 동기를 제시하여 큰 성공을 거둔 단편입니다; 우)미국 작가 페니 워너가 쓴 〈암호클럽시리즈〉 추리소설로 다양한 분야의 암호를 중심으로 이야기를 진행하는 것이 특징입니다.

정보보안 전문가가 되는데 가장 중요한 것이 **암호학**(cryptology)입니다. 암호학은 수학 하는 사람이 전공으로 많이 하며, **암호**(cryptography)와 **암호 해독**(cryptoanalysis)을 연구하는 정보 보호 이론과 기술에 대한 학문입니다. 가장 기본적인 개념은 암호를 보내고 이를 푸는 방식입니다. 예컨대 송신자가 수신자에게 보내고 싶은 통신문을 그냥 봐서는 알 수 없는 암호문으로 변환하는 조작을

암호화(encryption)라고 합니다. 반면 암호문을 다시 본래의 글자로 바꾸는 것을 **복호화**(decryption)라고 합니다.

에니그마(Enigma)와 폭탄(bombe)라고 하는 에니그마 암호 해독 시스템(구글 이미지).

• 우리가 흔히 쓰는 이메일도 이 같은 암호학의 원리를 이용한 것입니다. 이메일을 주고받을 때 문장 그대로 상대방에게 전송되는 것이 아니라 이메일 내용이 암호화되어 암호물로 전달되고 그것이 해독이란 과정, 즉 복호화를 거쳐 우리 눈으로 볼 수 있게 만들어지는 것입니다. 금융거래 때 사용되는 공인인증서도 암호학이 우리 생활에 깊숙이 들어온 케이스입니다. 공인인증서 암호는 암호체계에서 가장 유명한 알고리즘인 RSA 체계를 사용합니다. 공인인증서 로그인할 때 비밀번호를 입력하는데 이때 비밀번호가 그대로 입력되는 게 아니라 함수를 이용해서 암호화되어 저장되는 것입니다.

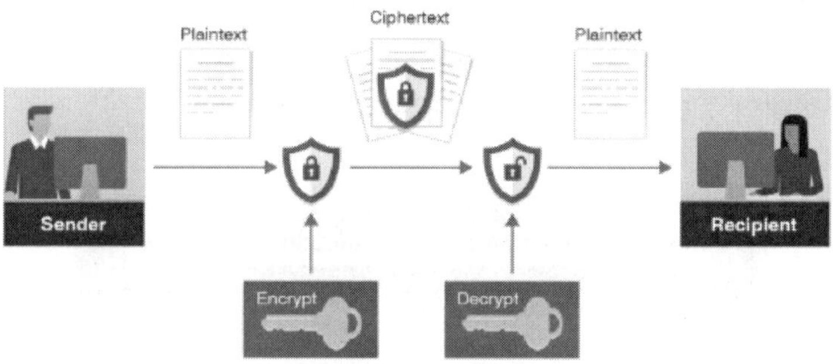

Different keys are used to encrypt and decrypt messages

> 인터넷의 빠른 성장과 웹을 통해 처리되는 방대한 비즈니스로 인해 오늘날 소프트웨어 개발자에게 보안이 절대 불가피한 주제가 된 것은 놀라운 일이 아닙니다. 보안 및 특히 암호화는 자체적으로 복잡한 수학이고 과학입니다. 그것을 올바르게 하는 것은 매우 어렵고, 잘못하기는 매우 쉽습니다.

16.4. 암호학에 필요한 수학

암호 전문가가 되기 위해서는 무엇을 공부해야 할까요? 우선 현재의 정보통신 사회를 지켜내는 암호기술은 90% 이상이 수학에 기반하고 있습니다. 암호학의 모든 원리가 수학이기 때문입니다. 따라서 수학에 재능이 있는 학생들에게 유리한 학과입니다. 실제로 배우는 교과도 선형대수, 정수론, 대수학, 확률론, 통계학 등 고급 수학이 전공의 핵심을 차지합니다. **정보보호개론**과 **암호학개론** 등

보안 관련 내용과 미적분과 같은 수학의 기초적인 분야를 배운 후 고급수학과 함께 실제로 암호를 구동하기 위한 컴퓨터 프로그래밍을 배웁니다. 아울러 요즘 뜨고 있는 디지털포렌식도 중요한 과목으로 꼽힙니다. **디지털포렌식**(digital forensics)이란 컴퓨터나 노트북, 휴대폰 등에 저장된 정보를 분석해 범죄의 단서를 찾아내는 것 입니다. 주로 수사기관에서 활용하는 것으로 지워버린 문자메시지나 통화내역 등을 그대로 복원해 내는 기술이지요.

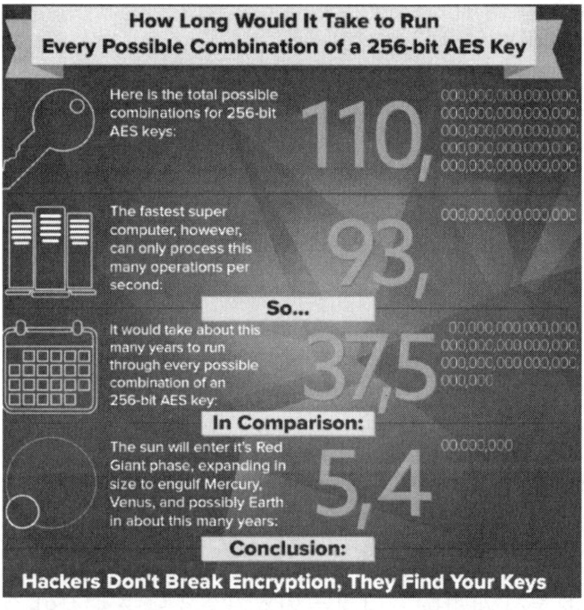

고급 암호화 표준(AES)-해커들은 암호화를 깨뜨리려고 하지 않고 당신의 암호해독키를 찾습니다. 미국에는 사이버 보안 전문가 및 연구를 위한 국가이니셔티브 (National Initiative for Cybersecurity Careers and Studies)가 있어 공인 암호화 전문가를 양성합니다 (quora.com 이미지 참조).

우리나라도 국내 및 해외에서의 고도화된 사이버 위협에 따라 정보보안 산업이 급격하게 커지고 있어 이에 따른 인재 육성이 매우 시급해졌습니다. 4차 산업혁명 시대를 안전하게 지켜낼 창의력과 경쟁력을 갖춘 더 많은 융합보안 전문가를 필요하고 있어 취업 전망이 매우 밝다고 봅니다.

Chapter 17

사회질서 및 혼돈 속의 수학

17.1. 카오스 이론(Chaos Theory)

카오스 이론에서 나비효과는 결정론적 비선형시스템의 한 상태에서 작은 변화가 나중 상태에서 볼 때 커다란 차이를 초래할 수 있는 초기조건에 대한 민감한 의존성입니다. 나비효과라는 용어는 혼돈이론의 선구자로 널리 알려진 MIT 수학교수 겸 기상학자였던 에드워드 **로렌츠**(Edward Lorenz,

1917-2008)가 발견한 로렌즈끌개가 나비효과라는 신조어가 만들어진 배경이 되었습니다. 토네이도가 몇 주 전에 먼 곳에서 날개를 퍼덕거리는 나비의 사소한 섭동의 영향을 받는 은유적 예에서 파생 되었는데, 겉보기에는 중요하지 않은 방식으로 반올림된 초기상태 데이터로 날씨모델이 실행되는 것을 관찰했을 때 그 효과를 발견했습니다. 반올림이라는 조건의 아주 작은 변화는 상당히 다른 결과를 낳았습니다. 로렌츠는 컴퓨터 날씨모델의 시작점에 대한 나비 규모의 작은 변화가 맑은 하늘에서 격렬한 폭풍에 이르기까지 어떤 결과가 나올지 미리 예측할 수 없다는 것을 발견했을 때 "**나비 효과**"라는 용어를 만들었습니다. 유체 흐름, 심장박동불규칙, 날씨 및 기후를 포함하여 많은 자연시스템에 혼란스러운 행동이 존재합니다. 또한 주식시장 및 도로교통과 같은 인공구성 요소가 있는 일부시스템에서 자발적으로 발생합니다. 카오스이론은 기상학, 인류학, 사회학, 물리학, 환경 과학, 컴퓨터 과학, 공학, 경제학, 생물학, 생태학 및 철학을 포함한 다양한 분야에 적용됩니다(위키 및 happinesstobetour.com 참조).

"**나비 효과**(butterfly effect)"란 나비의 날개 짓에 의한 대기의 작은 변화가 시간이 흐름에 따라 증폭되어 **토네이도**(tornado)같이 극적인 결과를 야기할 수 있음을 의미합니다. 초기값의 미세한 차이로 인하여 결과가 완전히 달라지는 현상을 지칭할 때 사용하며, **카오스 이론**(혼동이론, Chaos Theory)을 쉽게 설명할 때 주로 사용하는 말이며 일반 대중들에게는 "**나비의 날개짓 한 번이 지구 반대편에선 폭풍을 일으킬 수 있다**"라는 표현으로 널리 알려져 있지요. 이 표현은 미국의 기상학자 **에드워드 로렌츠**(Edward Lorenz, 1917-2008)가 1972년 강연에서 처음 사용한 말인데 강연의 제목이 바로 '예측가능성–브라질에서의 한 나비의 날개짓이 텍사스에 돌풍을 일으킬 수도 있는가? (Does the Flap of a Butterfly's Wings in Brazil Set Off a Tornado in Texas?)' 였으며, 대중들에게는 사소한 사건이 커다란 결과를 가져온다라는 개념으로 오늘날에는 널리 알려져 있습니다. 카오스이론에서는 초기 조건의 민감한 의존성에 따른 미래결과의 **예측불가능성**을 의미합니다. 카오스 이론은 복잡계 과학을 설명하는 이론 중 하나이며 카오스 이론이라는 이름은 최근에 와서야 만들어졌지만 비슷한 아이디어는 꽤 오래전부터 있었습니다.

예측불가능... 인생의 대부분의 것들이 더 큰 시스템의 일부이기 때문에, 사소한 일처럼 보이는 사건도 큰 영향을 줄 수 있습니다. 예를 들어, 1961 년 수학자이자 기상학자인 에드워드 로렌츠(Edward Lorenz)는 기상 예측 모델에 데이터를 입력하는데, 전체 숫자 값인 .506127 대신 단순히 .506을 입력했으며 결과는 완전히 다른 날씨를 예측하였습니다. 1963년 논문에서 Lorenz는 이론이 올바르면 "갈매기 날개 한 개가 날씨의 과정을 영원히 바꿀 수 있다"고 언급했습니다. 그는 나중에 그 은유를 나비로 바꾸었고, 이제 이런 현상은 "버터 플라이 효과"로 널리 분류되어 있습니다(thetruthofitall.co.kr 이미지).

• 자연계에 나타나는 여러 가지 현상 중에는 예측하기 쉬운 것과 어려운 것이 있습니다. 물체에 힘을 가했을 때 일어나는 뉴턴의 운

동법칙이나 만유인력에 따르는 지구와 달의 공전운동, 또는 시계추의 진자운동 등은 수학방정식으로 쉽게 유도해 낼 수 있고 이에 따라 정확히 미래를 예측할 수 있습니다. 반면에 기상 변화를 일으키는 대기운동이나 동남아를 휩쓸어버린 쓰나미 현상, 시세 변동에 따른 주가 예측, 인간 심리의 변동을 나타나는 선거에서의 바람 등은 예측하기 어렵습니다.

그러나 예측하기 힘든 자연 현상도 그 내부를 잘 살펴보면 불규칙한 혼돈 속에 커다란 틀과 비선형적인 법칙이 존재합니다. 이것을 찾는 데에는 고도의 수학이 필요하며, 그 결과를 이용하면 어느 정도 예측이 가능합니다. 비선형 수학에 근거를 두고 있는 카오스 이론은 그간 수학이 일궈내고 파생시킨 많은 학문과 이론 중의 하나입니다.

• 카오스이론은 **비선형 수학**(nonlinear mathematics)이 근거입니다. 17세기말 **뉴턴**은 그 유명한 **뉴턴의 운동법칙**을 발표하여 '물체의 운동은 물체에 가해진 힘에 의하여 생긴다'는 것을 보였습니다. 태양과 지구, 지구와 달 사이에 만유인력이 작용하기 때문에 현재 우리가 아는 것과 같은 공전운동이 생겨났습니다. 이러한 운동들은 매우 규칙적이어서 뉴턴의 **만유인력법칙**만 알면 수천 년 후에 일어날 일식이나 월식 등도 매우 정확하게 예측할 수 있습니다.

태양계내의 행성의 공전운동 이외에도 자연계에 존재하는 규칙운동의 예는 무수히 많습니다. 줄에 매달린 추를 당겼다가 놓으면 추는 주기적인 진동을 보입니다. 또 스프링에 매달린 물체를 당겼다가 놓으면 이 역시 주기적인 진동을 합니다. 이러한 진동운동들은 주위에서 쉽게 볼 수 있는 규칙운동의 예입니다.

• 카오스 이론은 18세기말 프랑스 수학자인 **푸앙카레**(Henri Poincaré, 1854-1912)의 아이디어에서 출발했습니다. 그는 수학을 응용한 대기방정식으로 **기상현상**을 설명하려 했으며, 특히 일기는 변수에 대단히 민감하기 때문에 작은 초기값의 차이가 맑은 날씨와 소나기의 결과를 낳을 수 있다는 것이 학계의 정설입니다. 카오스 이론은 개별종목의 낙차가 큰 **주식시장**에도 적용됩니다. 이 이론은 80년대 이래 꾸준히 경제학자들의 관심을 끌어 실제로 단기 주가예측에 사용되어 왔으며, 이러한 주식장세의 변화나 해안선 등 불규칙한 모양을 표현해 내는 수단으로 프랑스인 **망델브로**(Benoit Mandelbrot)의 **프랙탈 이론**(fractal theory)이 나오기도 했습니다.

• 1887년 스웨덴의 국왕 오스카 2세는"태양계는 과연 안정된 상태인가?"라는 천문학의 오랜 궁금증을 해결하는 사람에게 상금을 준다고 발표했습니다. 태양과 9개의 행성, 그리고 소행성과 수많은 위성들이 안정된 궤도를 계속 돌 것인가, 아니면 어느 행성이 궤도를 이탈해 태양과 정면충돌할 것인가의 문제였습니다.

• 뉴턴역학은 지구의 공전주기는 태양과 지구만을 고려한 결과입니다. 푸앙카레는 두 물체만을 고려해서는 안 된다고 생각했습니다. 그러나 지구와 달의 관계에서 태양을 고려할 때 **삼체문제**는 뉴턴의 방정식으로 풀리지 않습니다. **푸앙카레**는 태양계는 본질적으로 **다체**(many bodies) **문제**이기 때문에 **비선형 방정식**(non-linear equation)으로 풀 수밖에 없다고 결론짓고 새로운 방정식을 구성하였습니다. 어떤 경우 매우 작은 변화가 행성을 큰 폭으로 움직이게

하고 충분한 시간이 지나면 궤도를 이탈할지 모른다는 결론이 나왔습니다. 그는 혼돈의 예측 불허성의 원인이 되는 '결정론적 계에서의 초기 조건에의 민감성'을 최초로 알았습니다.

• 카오스 이론의 대표적 예가 나비효과입니다. 나비효과는 일본 도쿄에서의 나비의 날갯짓 같은 작은 변화가 대기에 영향을 주고 또 이 영향이 시간이 지날수록 증폭되어 긴 시간이 흐른 후 미국 샌프란시스코를 강타하는 해일과 같은 엄청난 결과를 가져온다는 것을 말하는데, 나비 효과는 만약 이 나비가 가만히 꽃에 앉아있었다면 해일이 샌프란시스코를 지나는 일이 없었을 것을 의미하기도 합니다. 이처럼 카오스는 스스로 불규칙하게 변화할 뿐만 아니라 나비 효과와 같이 작은 차이가 엄청난 결과를 가져오기 때문에 카오스를 장기적으로 예측하기는 불가능합니다. 카오스의 변덕스런 성질과 카오스 속에 숨겨진 나비 효과 때문에 한 달 후, 또는 일 년 후의 일기예보는 불가능합니다. 일기예보에 관한 한 최첨단의 현대과학을 동원한 장기예보나 **관절염**에 걸린 노인들의 예측이나 정확성에서 별 차이가 없다고 해도 지나치지 않으나, 단지 하루나 1주 후와 같은 단기예보에서는 현대과학이 성공을 거두고 있습니다.

17.2. 프랙탈 이론(Fractal theory)

프랙탈로 자연재해를 예측합니다. 그럼 어떤 것들이 카오스, 또는 **나비 효과**를 보이는가? **카오스**의 예에는 여러 가지가 있습니다. 자연 현상에서는 **기상변화**나 물체의 운동, 경제 현상에서는 주식가격을 대표적인 예로 들 수 있습니다. **주식가격**의 예측이 어려운 것은 카오스적이기 때문입니다. 이 세상에는 나비 효과가 나타나지 않는 비카오스적인 것도 많습니다. 예를 들어 시계추의 운동처럼, 시계추의 주기적인 반복 운동은 정확한 예측이 가능하기 때문에 **비카오스적**입니다. 시계추에 아주 작은 충격을 가한다고 하더라도 시계추의 운동이 크게 달라지지 않습니다. 즉 나비 효과처럼 작은 변화가 큰 차이를 가져오지 않습니다. 우리 태양계도 비카오스적인데 만약 카오스적이었다면 매일 지구에 떨어지는 수많은 별똥별 때문에 일찌감치 지구는 궤도에서 벗어나 우주 공간을 헤매고 있을 지도 모릅니다.

• 카오스적인 현상은 수학적으로는 **비선형적**이기 때문에 어렵습니다. 1970년대 초 나타난 금융파생상품은 고도의 수학이론이 도입되면서 거래가 폭발적으로 증가했습니다. 미국의 두 수학자가 개발한 '**블랙-숄즈 모형**'은 파생상품의 투자가치 계산시간을 1/100로 단축시켰고 불확실성을 실제에 응용하려는 퍼지이론은 이미 공학으로 발전한 사례로서 수학적으로 추론결과가 올바른 사실을 정도의 문제로 나타낸 이론입니다.

이제 수학의 응용분야는 전방위적입니다. 1994년 **LA폭동** 사태때는 UCLA의 한 수학교수가 흑인을 폭행한 백인 트럭운전사를 잡아내는데 공헌했습니다. 폭행 장면을 담은 비디오에서 범인 팔뚝에 검은 점으로 나타난 부분을 수학적으로 분리추출, 장미꽃 문신이란 사실을 밝혀내 범인을 잡은 것입니다. 군사 및 외교상의 이유로 사용돼 왔던 암호는 인터넷을 통한 전자상거래가 활성화하면서 그 용도가 끊임없이 확산되고 있습니다.

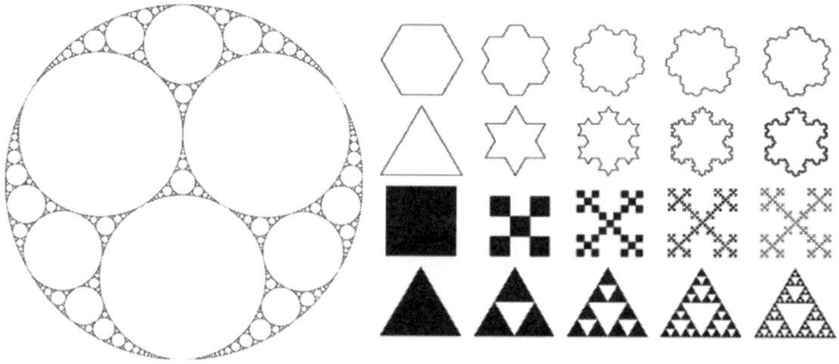

망델브로(Mandelbrot)는 "기하학의 프랙탈 성질"(1975)에서 프랙탈은 "거의 또는 조각난 기하학적 모양으로, 부분으로 나눌 수 있으며, 각각은 전체 크기의 축소 된 사본입니다." 라고 말했습니다. 프랙탈은 가장 엄격한 의미에서 무한한 기하학적 패턴을 반복합니다(사이언스올 이미지).

• **프랙탈**(Fractal)은 1970년대 말부터 물리학자, 지리학자, 건축, 미술, 철학 등의 분야에서 주목을 받았습니다. 망델브로는 프랙탈에 대해 많은 연구를 처음 시작한 사람으로 자신이 생각한 형상, 차원 및 기하학에 대한 이름을 생각하고, 라틴어의 '조각나다'라는 뜻의 동사 'frangere'에서 파생한 형용사 'fractus'를 찾았습니다. fractus란 '온전한 것이 아닌', '어중간한'이란 뜻으로 어원이 같은 영어 단어 'fracture'와'fraction'의 어감도 적절한 것으로 생각했습니다. **망델브로**(Benoit Mandelbrot)는 영어이면서 불어이며, 명사이자 형용사인 'fractal'을 만들었습니다. 프랙탈(fractal)은 철저히 "조각난" 도형을 뜻합니다.

• 자연과학의 목적은 자연의 모든 현상을 자연법칙의 규칙으로 환원시켜 설명하는데 있습니다. 여기서 유일한 전제는 완전한 인과

관계의 성립입니다. 한 원인은 반드시 한 결과에 앞서야 합니다. 자연의 다양성이 몇몇의 규칙으로 환원되는 것은 관찰된 결과에 대한 원인 규명이 이루어짐을 의미합니다. 동일한 원인은 동일한 결과를 갖는다는 것이 지금까지 자연해석의 근간이었습니다. 반면에 전자기학의 아버지인 **맥스웰**(Maxwell)은 이미 나름의 독특한 **자연해석**을 제시하였습니다. "동일한 원인이 동일한 결과를 낳는다는 것은 형이상학적 독단이다. 어느 누구도 그렇게 확신할 수 없다. 동일한 원인이 두 번 다시 나타나지 않으며, 결코 반복되지 않는 세계에서는 위의 생각이 적용될 수 없다"라며 동일한 원인이 동일한 결과를 낳는다는 좁은 의미의 **결정론** 대신에 유사한 원인이 유사한 결과를 갖는다는 넓은 의미의 결정론을 이야기했습니다. 끊임없이 불규칙하게 변화하는 카오스적인 현상들에 대해서도 현대과학의 발전 속도로 보아 예측과 정확성을 높일 수 있는 충분한 자료만 축적된다면 기상이나 지진에 대해서도 언젠가는 정확히 예측할 수 있을 것입니다.

Chapter 18

수학과 예술

예술(art)은 인간의 의사소통 수단의 하나입니다. 예술의 본질이 무엇인가는 그러나 단순치 않으며 토론의 대상입니다. 예를 들어, 자신의 몸을 캔버스로 사용하는 행위예술가가 처음 세상에 선보였을 때 사람들은 예술의 본질을 모르는 방종한 자라고 비판했었고, 어떤 사람들은 지도가 예술품이라고 믿기 때문에 지도를 수집하는데, 모든 지도가 예술품이라고는 할 수 없을 것이기 때문입니다.

예술작품은 예술철학의 변천 및 예술가 개개인의 환경에 대해 반응을 공개적으로 드러냅니다. 예술에는 음악, 무용, 회화, 건축, 조각, 문학 등 여러 형태가 있습니다. 수학이 이러한 예술의 각 분야에 풍부하게 살아있다고 하면 놀랄 것입니다. 예술에도 수학은 고유하고도 중요한 역할을 담당하고 있습니다.

18.1. 레오나르도 다빈치

루카 파치올리(Luca Pacioli)는 이탈리아의 수학자이자 프란체스코회 수도사로서 수학을 가르치며 화가인 레오나르도 다 빈치, 피에로 델라 프란체스카와 교우관계도 있었습니다. 1494년 '산술, 기하 및 비례 총설'을 저술하였는데 당시의 산술. 대수. 삼각법에 관한 모든 지식을 집대성한 것으로서, 피보나치의 '주판서'이래 가장 광범위한 수학서로 일컬어집니다. 파치올리는 책 서문에서 "형언할 수 없을 만큼 뛰어난 왼손잡이이자 모든 수학 분야에 정통한 인물인 다빈치가 고맙게도 삽화를 그려줬다"고 소개했습니다. 위 그림에서 파치올리가(가운데 붓을 잡고 있는 사람)가 물이 절반정도 찬 유리 다면체를 그리고 있는데 책상에는 온갖 종류의 기하학적 도구(콤파스, 석판, 쵸크 등)가 널려있습니다. 파치올리가 1509년에 발간한 책인 "황금률 De Devina Proportione"은 기하학과 다면체를 전파하는데 큰 역할을 하였습니다(berkeley.edu 이미지).

수학의 예술과의 연계중의 하나는 예술가로 알려진 사람들 중에 그들의 예술적 비전을 표현하기 위해 수학적 사고를 사용하였거나 수학적 이미지를 발전시킨 사람들이 있다는 것입니다. 대표적인 예술가가 **루카 파치오리**(Luca Pacioli c., 1145-1514), **레오나르도 다빈치**

(Leonardo da Vinci, 1452-1519), 그리고 **M.C. 에셔**(M.C. Escher, 1898-1972)입니다. 다른 연계는 어떤 수학자들은 그들의 수학적 연구를 지속하는 과정에서 예술가로 변신한 것이다. **알브레히트 듀러**(Albrecht Dürer, 1471-1528)가 그런 수학자중의 하나입니다.

레오나르도 다빈치 하면 '모나리자' 혹은 비행기를 설계한 발명가 등을 떠올리기 쉬우나 다빈치는 수학자이기도 했습니다. 그는 수학을 예술을 통해 표현하는 것을 선호했으며, 그의 수학에 대한 탐색은 그의 작품과 거친 그림을 통해 볼 수 있습니다. 다빈치는 원 하나를 그리고 그 원과 넓이가 똑같은 정사각형을 작도하는 문제에 관심을 가졌고 원을 삼각형 또는 사각형으로 쪼개 보기도 하고 원의 둘레를 펼쳐 길이를 측정하는 등 10여 년간 수많은 시도를 했으나 결국 문제 해결에는 실패합니다, 왜냐면 '원의 구적 문제'라 불리는 이 난제는 19세기에 독일 수학자 페르디난트 폰 린데만이 원의 넓이와 같은 정사각형을 작도할 수 없다는 것을 증명했기 때문입니다. 다빈치는 죽음을 앞두고 쓴 노트의 마지막 페이지에도 면적은 같지만, 밑변과 높이가 다른 네 개의 직각삼각형을 작도하는 문제를 풀었다고 합니다. 다빈치가 평생 기하학 문제를 고민한 것을 확인할 수 있습니다(위키피디아 이미지).

• 레오나르도 다빈치는 화가, 수학자, 과학자 그리고 기술자였습니다. 그는 기하학의 열렬한 애호가였고 나이 40대에는 기하학적 도형을 많이 그렸습니다. 72면체는 르네상스기에 인기 있는 소재였고, **유클리드 기하학적** 이론을 형상화한 것일뿐더러 이상적인 돔의 모형이라고 믿었으며 이는 건축에서의 기하학의 중요성을 상징하기도 합니다.

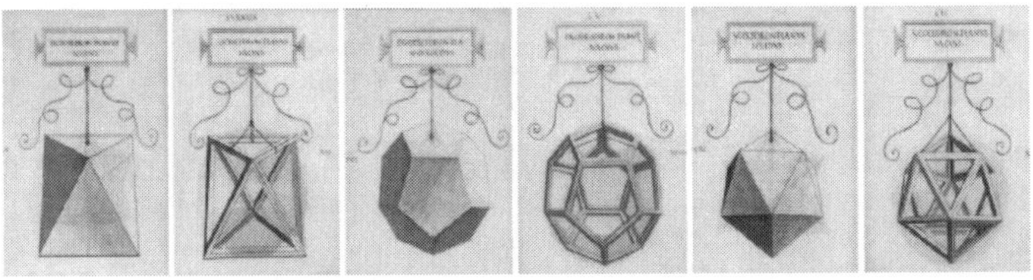

다빈치는 정사면체와 정육면체, 정팔면체, 정십이면체, 정이십면체와 구, 원뿔, 원기둥, 피라미드 등의 입체도형들을 그렸습니다. 구조를 명확히 보여주기 위해 입체도형을 겨냥도로 나타내기도 했습니다. 기하학에 대한 관심과 연구가 없었다면 그리기 어려웠을 이 도형들은 다빈치 생전에 출간된 유일한 그림입니다(Georgehart.com 이미지 참조).

통상적으로 수학자들은 아름다운 이론과 아름다운 증명에 대해 담론하기를 즐기며, 그들은 증명과 이론에 대해서 감정적인 반응을 보이지만,"재미없는" 수학적 사실을 재기 넘치게 증명한 예도 있고, 재기 넘치는 이론을 불만족스럽게 증명한 경우도 있습니다.

• 예술은 꼭 아름다워야 하는가? **프란시스 베이컨**의 그림이 모든 이에게 아름답다라는 감을 주지는 않을 것이나, 그의 작품에 반응을 하지 않는 사람은 거의 없습니다. 예술이란 아름다움뿐만 아니라 감정의 의사소통 문제와도 해당합니다. 어떤 이들은 에셔의 작품

대부분에서 감정적 요소를 거의 볼 수 없을 것이나 그가 창조한 패턴에 의해서 깊은 인상을 받지 않은 사람은 거의 없을 것입니다. 혹자는 에셔의 작품이 아름답다고 여기지만 **렘브란트**의 작품에서 오는 아름다움과는 다른 아름다움입니다. 예술에 있어서 아름다움, 의사소통 그리고 감정의 이슈가 간단치 않은 주제인 것과 같이 수학에 있어서도 이런 문제가 간단치 않습니다.

• 예술품은 삶의 경험들을 표현하려는 인간의 시도에 의해서 탄생합니다. 예술은 표현방식에 따라 글, 그림, 조각 또는 다른 여러 형태를 가질 수 있습니다. 예술품에 기능과 미를 혼합하면 접시, 나이프나 포크, 램프와 같은 생활용품이 됩니다. 수학자들은 각가지 생활용품을 만들 수 있는 도구(tools)를 만들어 줌으로서 예술가들을 도울 수 있습니다. 그러한 도구들은 예술가들이 생각하기는 역부족인 수학적 이론들의 결합입니다. 예를 들자면 유클리드 3차원에서는 오직 다섯 종류의 정다면체만이 가능하다는 것을 수학적으로 증명했기 때문에 어떤 예술가든지 다섯 이상의 **정다면체**(platonic solid, regular solid)를 만들려는 시도는 할 수 없습니다. 12면체는 한 면마다 달을 표시하는데 사용할 수 있을 것이다. 유클리드 3차원에서의 5개의 정다면체(platonic solid, regular solid)의 면수는 4, 6, 8, 12, 20개만이 존재합니다.

• 더 중요한 이슈는 예술가들은 3차원에서 본 물체들을 평평한 종이 위에 사실처럼 그릴 수 있다는 점입니다. **투시도**(perspective drawing)에 관한 문제는 수학적 모델 문제와 연관됩니다. 예를 들어 평평한 화폭에 그려진 3차원적 공간의 모형은 그 모형이 외눈박이에

의해 보여진다는 가정 아래서와 같습니다. 투시도에 관한 문제는 수학적 모델링의 관점에서 보아야 합니다. 왜냐하면 일반인들이 지각대상을 바라볼 때는 **"한 개의 눈**(one-eye)"으로 평평한 캔버스위에 그려진 물체를 3차원의 안목으로 보기 때문입니다. 그러나 아시다시피 인간은 두개의 눈을 가졌습니다. 과거의 미술가나 수학자들은 이런 하나의 눈이니 두개의 눈이니 하는 문제를 생각치 않고 단순하게 바라보는 것에 그쳤지만, 오늘날에는 그러한 문제들을 계산할 수 있는 수학적 도구들이 있는 만큼 그 점을 염두에 둬야 합니다. 일반인들에게까지는 알려지지 않았지만 수많은 수학자들이 투시화법의 이론에 기여했습니다. 미적분을 공부하는 학생들이라면 모두 알만한 이름이 **브룩 테일러**(Brook Taylor, 1685-1731)입니다.

• 브룩 테일러(Brook Taylor 1685-1731)는 직선투시이론을 썼습니다. 그리고 미술사를 공부한 사람이라면 **피에로 델라 프란세스카**(Piero della Francesca, 1412-1492)을 기억할 것입니다. 그렇지만 얼마나 많은 미술사가들이 프란세스카의 수학에 대한 공헌을 알고 있을까요? 유사하게 **지라드 드사그**(Girard Desargues, 1591-1661)의 사영 기하학에 대한 공로는 기하학자들에게 잘 알려져 있으나 그의 업적이 미술과 깊게 관련이 있는 점에 대해서는 잘 알려져 있지 않습니다.

아래 그림은 **"드사그 배치"**라는 것으로 **사영 기하학**(projective geometry)을 공부하는 학생들은 잘 알 것입니다.

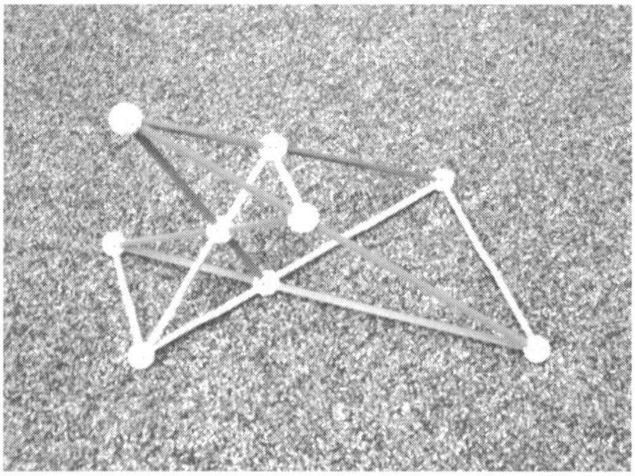

드사그 배치(Desargues Configuration)는 실제로 10 줄이 있다는 것을 먼저 알아야합니다. 라인 중 3 개는 각각 단일 스트럿으로 표시되고 나머지 7 개는 각각 2 개의 공선 스트럿으로 표시됩니다. 따라서 총 17개의 스트럿이 보입니다. 당연히 구성 볼을 나타내기 위해 커넥터 볼을 사용합니다. 그러나 촬영된 모델에서는 9 개의 공만 있으므로 모델에는 9 개의 점만 표시됩니다. 이것은 세 줄이 하나의 스트럿으로 표현된다는 사실과 밀접한 관련이 있습니다. 이 세 줄은 서로 평행합니다. 사영 기하학의 언어에서, 이 선들은 "무한의 평면"에서 교차한다고 말합니다(wmich.edu 이미지).

18.2. M.C. 에셔

일반인들에게 그 어떤 작가보다 수학의 본질을 많이 이용한 미술가로 알려진 자가 있는데 **M.C. 에셔**(M.C. Escher) 입니다. 에셔 자신에게 수학적 재능이 있는지 모르지만 그의 작품에는 수학적 재능이 분명히 나타나 있습니다. 에셔는 수학을 정식으로 공부하지도 않았는데도 많은 예술적 문제들을 수학적인 길로 접근하였습니다.

도리스 슈아츠나이더는 에셔의 작품에서 수학과의 관계를 대중에게 알리는데 역할이 컸습니다. 에셔는 적어도 한사람의 기하학자에게서 깊은 영향을 받았는데 해롤드 스캇 맥도널드 **콕스터**(coxeter)입니다. 에셔는 유한의 화폭에 무한을 표현하는 문제에 있어서 콕스터와 교류하였습니다. 콕스터는 **쌍곡평면**(hyperbolic plane)에서의 타일링의 연결을 보여주었고, 수학적 연결성의 자세한 부분을 설명하였습니다. 임종 시까지 수학적인 활동을 계속한 콕스터는 최근 96세의 나이로 영면하였습니다.

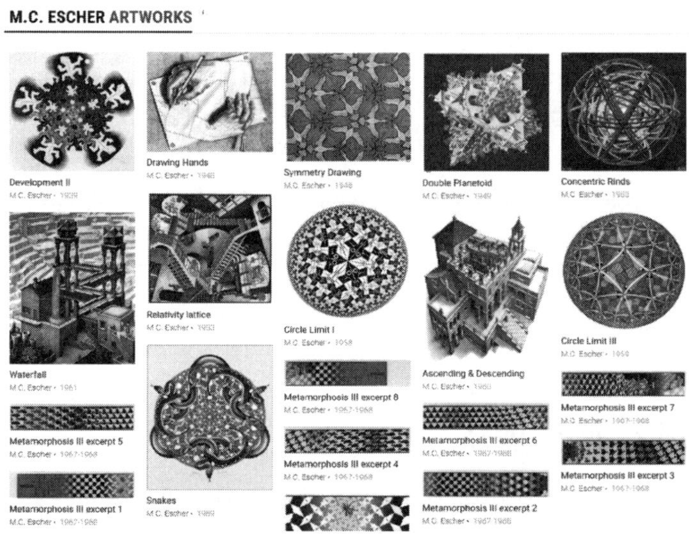

M. C. 에셔(M. C. Escher)는 수학적으로 영감을 얻은 목판화, 석판화 및 메조틴트를 제작한 네덜란드 그래픽아티스트입니다. 그의 작품은 불가능한 물체, 무한의 탐구, 반사, 대칭, 원근법, 절두 및 성상 다면체, 쌍곡선 기하학 및 공간 분할을 포함한 수학적 물체와 연산을 특징으로 합니다. 에셔는 수학자들과 교류하며 자체 연구를 수행했습니다(mcesher.com 홈페이지 참조).

도날드 콕스터(Harold Scott MacDonald "Donald" Coxeter, 1907-2003)와 그의 저서, 콕스터는 영국태생 캐나다 기하학자로 20세기 최고의 기하학자 중의 한사람으로 일컫습니다."기하학이 없으면 인생은 무의미하다"고 믿었던 한 수학자로 수학과 과학에 두루 쓰일 수 있는 대칭성과 패턴의 개념인 '콕스터군(Coxeter groups)'과 '콕스터 도식(Coxeter diagrams)'을 고안한 학자입니다. 아름답고 우아한 모양과 도형들의 세계에 대한 열망이 강하여 기하학과 사랑에 빠졌던 내성적인 성격의 콕스터는 토론토대에 정착한 뒤 화가 M C 에셔, 건축가 벅민스터 풀러 등과도 교류했고 그들의 작업에 수학적 영향을 미쳤습니다.

위 언급한 내용은 수학과 예술 사이의 연관성이라는 커다란 주제에 있어서는 빙산의 일각에 불과합니다. 앞으로 수학과 예술 사이의 연관성은 더욱 확대되고 번창할 것입니다. 여기에서 예술은 미술을 의미합니다.

Chapter 19

수학자의 삶과 사랑

19.1. 천재수학자의 집념

천재수학자들은 곧잘 기괴한 행동을 하는 사람들로 묘사되곤 합니다. 수학이라는 관념적 세계에 몰입해 있기 때문에 비현실적일 수도 있고, 물질적이지 않는 형이상학적 세계에서 연구활동을 하기 때문에 보통사람들과 달리 말과 행동이 어눌할 때가 있기 때문이라고 생각합니다. 천재수학자 중에는 사랑도 특이하게 몰입해서 한 사람도 있습니다. 역사적으로 회자되는 천재수학자들의 사랑 이야기를 적어봅니다.

2001년에 **존 내쉬**(John Nash, 1928-2015)의 삶을 그린 **'뷰티플 마인드'**라는 전기적 영화가 개봉되었습니다. 존 내쉬는 수학의 아벨상 수상자인 동시에 **'내쉬균형이론**(Nash equilibrium theory)'이라는 수학적 게임이론이 경제학에 끼진 공로를 인정받아 노벨경제학상을 수상한 프린스턴대학 수학교수였습니다. 그는 수학연구에 집중하면서 정신분열증세로 고생을 하지만 그가 노벨상까지 받기까지는 아내의 헌신적인 사랑 덕분이었음을 노벨상 수상 연설에서 고백합니다.

(좌)2001년 존 내쉬의 전기를 다룬 러셀크로우 주연 〈뷰티플마인드〉 영화포스터; (우) 2015년 5월 노르웨이 국왕으로부터 최고의 수학상 "아벨상"을 수여받기 위해 오슬로 방문 중, 수학자 닐스 아벨의 무덤에 헌화 후 사진. 아벨상 수상 직후 집으로 귀가 중 뉴저지에서 자동차 사고로 존 내쉬와 아내 알리시아(John Nash와 Alicia Lardé)는 동반 사망하여 많은 안타까움을 주었습니다(노르웨이신문 newsinenglish.no 참조).

"전 언제나 수를 믿어 왔습니다. 추론을 이끌어 내는 방정식과 논리를 말이죠. 하지만 평생 그걸 연구했지만 저는 묻습니다. 무엇이 진정한 논리입니까? 누가 이성을 결정하는 것이죠? 저는 그동안 물질적인 세계와 형이상학적 세계와 비현실 세계에 빠져 있다가 이렇게 돌아왔습니다. 전 소중한 것을 발견했습니다. 그건 제 인생에서 가장 소중한 발견입니다. 어떤 논리나 이성도 풀 수 없는 사랑의 신비한 방정식을 말입니다. 난 당신 덕분에 여기까지 왔습니다.”

“당신은 내가 존재하는 이유이며 내 모든 존재의 이유에요 (You are the reasons I am. You are my reasons)”는 천재수학자의 위대한 사랑고백으로 감동의 여운이 길게 남습니다.

• 한편 수학연구에 방해가 된다면서 83년의 생애를 애인도, 아내도, 자식도 없이 독신으로 오로지 수학 연구에만 몰두한 천재수학자도 있습니다.

폴 에르되시(Paul Erdős)는 헝가리 태생의 유태인 수학자로 울프상을 수상하였으며 "수학자들 모두는 약간 미친 것 같아요"라는 괴짜 인상을 준 대표적인 인물로, 나이 70대에도 연간 50편의 논문을 발표하며 생애 전체를 수학연구에만 바쳤습니다. 아내, 아이, 직업, 취미만 없는 것이 아니라 자신을 구속한다는 이유로 집도 없었고 여행용 가방 몇 개가 전부였다합니다. 그러면서도 좋은 수학문제와 새로운 수학인재를 찾아 이동했고, 어린 수학영재들에게 상금걸기를 많이 하였다 합니다(위키참조).

헝가리 출신의 유태인 수학자인 **폴 에르되시**(Paul Erdős, 1913~1996) 입니다. 그는 하루 19시간씩 수학문제를 풀었고, 평생 1,475편

수학논문을 펴냈습니다. 수학사(史)상 에르되시(Paul Erdős, 1913년~1996년)보다 논문을 많이 쓴 사람은 18세기 스위스 수학자 오일러 정도가 꼽힐 뿐입니다. 그는 늘 **'무덤에 들어가면 휴식할 시간이 많을 거야'**라고 중얼 거렸다 합니다. 에르되시는 구두 끈을 혼자 못 묶을 정도였고, 자동차 운전을 하지 못해 늘 누군가 자동차를 태워줘야 했으며, 버스를 타는 것도 겁내 했을 정도로 현실 생활에 관심이 없었고 밝지도 못했습니다.

19.2. 천재 수학자의 사랑과 믿음

에바리스트 갈루아(Évariste Galois, 1811~32)는 21세의 나이에 요절한 천재수학자로 현대 핵물리학과 양자론의 이론적 토대를 제공한 군이론을 처음으로 고안하였으며, 이를 방정식 해법에 적용한 '갈루아이론' 으로 유명합니다. 수학 이외 분야에는 관심이 없었던 갈루아였지만, 정치적인 문제에 휘말려 학교에서 퇴학을 당하고 감옥살이도 했었습니다. 수감 생활중 콜레라 치료를 위해 파견나온 의사의 딸인 **스테파니 뒤모텔**이란 아름다운 여성을 사랑하게 되었지만, 그녀를 동시에 사랑한 한 남자(두 사람이 친구관계였다는 설이 있다)와의 삼각관계로 견딜 수 없는 질투심에 휩싸여 결투를 벌이게 됩니다. 두 사람은 두 자루의 권총 가운데 하나에만 총알을 장전한 채로 결투를 벌이기로 했는데, 갈루아가 빈 총을 선택한 것은 운명이었습니다. 상대가 쏜 총알에 맞아 병원으로 옮겨졌으나 갈루아는 죽고 말았으며 그 때 나이 21세였습니다.

에바리스트 갈루아(Évariste Galois)가 있는 프랑스 우표. 갈루아 이론이라 칭하는 군이론(group theory)으로 유명합니다.

결투 전날 밤 갈루아는 완벽한 무아지경의 수학세계에 몰두합니다. 이미 죽음을 직감한 그는 밤새 머리 속에 착상한 커다란 수학적 문제들을 쓰고 또 썼습니다. 마지막으로 휘갈겨 쓴 글은 **"나는 시간이 없다"**였다고 합니다. 만약 갈루아가 21세로 결투에서 죽지 않았다면 오늘날 학생들이 배워야 할 수학의 양은 적어도 두 배는 늘어났을 것이라고 농담하는 수학자들이 있을 정도입니다.

• 레온하르트 **오일러**(Leonhard Euler, 1707-1783)는 1707년 스위스 바젤 태생의 수학자, 물리학자, 천문학자로 함수의 기호 f(x)와 같은 수학적 기호 및 법칙들을 만들어 역사상 가장 많은 업적을 남긴 천재 수학자입니다. 과학자가 신앙을 갖기가 힘들다고 하지만 오일러는 신앙심이 매우 독실한 사람으로 우주의 모든 현상과 과학적 사실들을 신의 거룩한 뜻으로 받아들였고, 수학은 신의 영광을 드러내는 신성한 도구라고 믿었습니다. 오일러는 신비하고 광활한 우주의 존재를 알면 알수록 신의 존재는 더욱 확연히 증명되는 것이

라고 생각하였습니다. 오일러의 삶은 그의 신에 대한 사랑을 수학적으로 증명하는 과정이었다 해도 과언이 아닐 정도로 신에 대해 깊은 사랑을 보냈습니다.

레온하르트 오일러(Leonhard Euler, 1707-1783)는 스위스 수학자 및 물리학자로 세계에서 가장 위대한 수학자 중 한 명이며 오일러는 상당한 실력의 수학자이며 칼빈주의 목사이기도 했던 아버지로부터 수학예비교육을 받았습니다. 후에 스위스 바젤대학교에서 존 베르누이(John Bernoulli)에게서 사사(師事) 받았고, 기하학은 곧 그의 가장 좋아하는 연구가 되었습니다(leonhardeuler.com 참조).

19.3. 코발레프스카야의 수학사랑

여성수학자로서 역사에 우뚝 선 사람은 남성에 비해 수적으로 그리 많지는 않습니다. 그러나 천재수학자의 삶과 사랑에서 빼놓을 수 없는 여성수학자가 **소냐 코발레프스카야**(Sophia Kowalewskaja, 1850~1891)입니다. 소냐는 18세 때 벨로루시 귀족 출신의 코발레프스카야와 위장결혼 후 하이델베르크로 유학을 갔습니다. 하이델베르크에서 코발레프스카야는 쾨니히스베르거와 레이몽드의 수학

강좌와 물리학 강좌를 수강했습니다.

소냐 코발레프스카야는 1850년 러시아의 귀족 가문에서 태어났으며 여성이라는 편견을 이겨내고 자신의 수학적 재능을 빛낸 여성 수학자로 알려져 있습니다. 여성이라는 이유로 러시아에서 대학교 진학이 금지되자 코발레프스카야는 고생물 학자와 위장 결혼을 해서 독일로 유학을 가서 수학공부를 한 후 유럽 최초의 여성 대학교수가 됩니다.

그녀는 **바이어슈트라스**(Karl Weierstrass, 1815-1895)가 총애하는 학생이 되었고 4년 동안 그의 밑에서 대학 과정의 수학공부를 끝냈을 뿐만 아니라 세 편의 귀중한 논문을 썼습니다. 한 편은 편미분 방정식의 이론에 관한 것이고, 다른 한 편은 제 3종의 아벨 적분의 축약에 관한 것이며, 마지막 한 편은 목성의 고리의 형태에 관한 라플리스의 연구를 보완하는 것이었습니다. 1874년 코발레프스카야는 괴팅겐 대학교에서 박사학위를 받았는데 편미분 방정식에 관한 박사 논문의 질이 매우 높아서 구두시험을 면제받았습니다.

그 후 1884년 스톡홀름대학의 초청을 받아 교수로 갔으며, 그 곳에서는 1888년 38세의 나이로 〈고정점을 중심으로 한 고체의 회전 문제에 관하여〉라는 논문으로 프랑스 학술원으로부터 **보르딘 상**(Bordin prize)을 수상하는 커다란 영광을 안았습니다. 어려움을 딛고 수학사에 이름을 남긴 그녀의 좌우명은 **"아는 것을 말하라. 반드시 해야 하는 것을 행하라. 가능성 있는 것을 성취하라"**였습니다.

수학사에 크게 오르내리는 천재수학자 세 명 모두는 진리 추구에 대해서는 불굴의 의지를 가진 자들이지만 사랑 앞에서는 우매할 정도로 현실과 타협하지 않고 계산하지 않는 극히 비수학적으로 살다 갔다고 볼 수 있습니다. 그러면 생활에 있어서 수학적이라는 것은 무엇일까요. 계산이 빠르고 약삭빠른 것을 의미하는 것이 아니라 자연스러운 신의 섭리에 따른 인간의 바른 길로의 삶을 추구하며 이를 잘 받아들이는 것입니다. 어떻게 보면 아주 평범한 진리를 찾는 일인데 이것은 천재들에 의해 발견됩니다. 이들의 삶은 우리에게 열정을 불러일으키기에 충분합니다.

러시아 폴리비노(Polibino, Russia)에 위치한 코발레프스카야 기념관(Memorial Museum-Estate of Sofia Kovalevskaya) (코발레프스카야 기념관페이지 참조).

Chapter 20

자연질서 속의 수학

평화는 강한 자가 선(善)할 때, 그리고 선(善)한 자가 강할 때만 가능하다고 필자는 믿습니다. 평화를 해치는 전쟁, 국제적인 테러, 정직하지 못한 무역거래, 혹은 국제금융위기를 보더라도 무기를 가진 강한 자들에게 과도한 재량권이 주어졌을 때 발생했습니다. 언뜻 보기에 자연은 무질서하고 불규칙해 보이지만 놀랄 만큼 정교한 법칙과 질서를 유지하며 변화합니다. 아이작 **뉴턴**조차 **"자연은 일정한 법칙에 따라 운동하는 복잡하고 거대한 기계"**라고 했을 정도입니다.

20.1. 자연의 법칙

코로나바이러스 감염증-19(COVID-19)로 촉발된 세계적 경제위기에 의해 야기된 대량해고 및 고용문제, 변화를 강요하는 경영전략, 극단적 양극화로 치닫는 소외와 불평등의 문제 등 우리는 해결책을 찾아 자신과 주위를 되돌아보게 합니다. 이와 관련하여 자연의 법칙 몇 가지를 되짚어 봄으로써 자연을 경외하는 가운데 혁신과 변화의 방향을 다섯 가지로 찾아보고자 합니다.

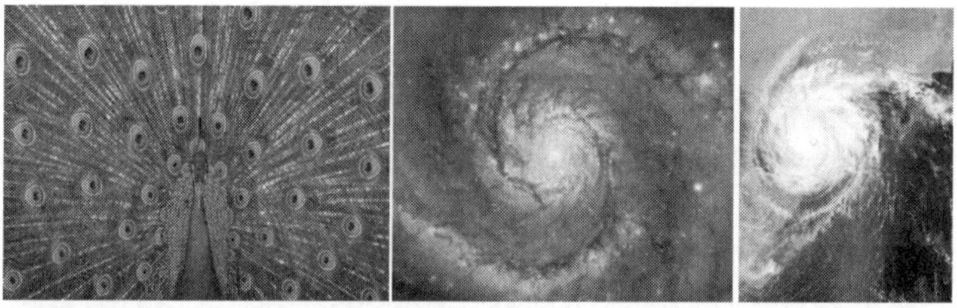

알버트 아인슈타인은 경험과 무관한 인간 사고의 산물인 수학이 어떻게 그토록 현실의 대상에 훌륭하게 적절할 수가 있을까?라고 말했습니다. 공작새의 문양, 우주의 은하수, 토네이도의 핵 등 크고 작은 모든 우리 삶 주위의 물체들은 수학적 패턴을 가지고 있습니다(medium.com 이미지 참조).

첫째, 자연에는 **최소작용원리**(principle of least action)가 있습니다. 최소 에너지로 최단 시간에 최장 거리를 가려 한다는 뜻입니다. 돌을 허공에 던질 때 포물선을 그리며 떨어지는 것, 지구가 원을 그리며 태양 주위를 도는 것이 그런 원리입니다. 경제도 최소작용원리에 따라 리스크를 최소화하면서 최소 자본으로 이윤을 극대화하려 합니다. 곳곳에 투입되고 있는 공적자금이 최소액으로 단기간에 최대 효과를 낼 수 있는 최소작용원리로 적용되어야 합니다.

둘째, 자연에는 **황금비율**(golden ratio)이 있습니다. 이는 1:1.618, 간단히 5:8, 혹은 61.8%의 비율입니다. 플라톤은 “삼라만상을 지배하는 힘의 비밀을 푸는 열쇠"로 황금비율을 풀이했습니다. 인간이 정서적으로 가장 안정되고 아름다움을 느끼게 되는 황금비율은 고대로부터 건축 · 회화 · 생활용품 등에 자주 응용되었습니다. 십자가와 피라미드, 신용카드 등이 대표적으로 눈에 보이는 것들입니다. 인간이 오랜 기간 황금비율에 의거해 자연에 순응해 살아왔듯이 경제정책과 경영에도 창조주의 뜻에 가장 가까운 황금비율이 적용되기 바랍니다. 예를 들어, 팔고자 하는 제품의 원가가 1이라면 서비스는 1.618배를 얹어서 팔려는 자세를 가져야 한다든가, 신제품 개발이 필수라고 할 경우 기존제품을 61.8%로 유지하고 신제품 개발 범위를 38.2%를 유지한다던가 하는 경우가 황금비율을 경영에 접목시킨 케이스일 것 입니다.

셋째, 자연에는 **대칭성**(symmetry)이 있습니다. 음양 · 암수 · 좌우뿐만 아니라 빈부 · 노사 · 명암 · 선악과 같은 대칭성이 있습니다. 양쪽이 균형을 이룰 때 조화롭고 평화가 유지되지만 균형을 이루는 대칭점의 균형이 깨질 때 생태계나 사회에 불안과 소요가 생긴다. 노사대결이라든가 보혁대결 같은 구도가 생길 때 대칭성을 염두에 두고 균형점을 찾도록 하는 자세가 필요합니다.

넷째, 자연에는 **순환성**(circulation)이 있습니다. 대부분 위에서 아래로 높은곳에서 낮은곳으로 먼저 순환하지요. 육체의 순환계, 낮과 밤, 식물의 피고 짐, 밀물과 썰물, 탄생과 죽음 등이 그것입니다. 막힌 부분이 있을 경우 터지게 되므로 억제되는 부분이 없이 자유롭게 순환되어야 합니다. 순환성은 자연 질서의 본능이며 경제와 경영의 핵심이기도 합니다. 막힘없이 소통하는 자세, 화해하는 자세도 자연의 순환성을 존중하는 태도입니다.

마지막으로 다섯째, 자연에는 **적자생존**(survival of the fittest)의 가혹한 법칙이 존재합니다. 모든 자연은 먹고 먹히는 관계로 얽혀 있습니다. 한 종은 다른 종을 먹어야 살고, 먹히지 않기 위해서는 밤낮으로 주위를 살펴 필요하면 도망쳐야 합니다. 이는 피할 수 없는 자연의 법칙이며 질서입니다. 늘 혁신과 변화를 꿈꾸는 유연한 자세로 개인, 사회, 기업은 적자생존에서 살아남는 법을 찾아내고 찾았으면 실천에 옮겨야 합니다.

20.2. 자연에 순응

앞에서 본 최소작용원리, 황금비율, 대칭성과 순환성, 그리고 적자생존원리는 자연의 거시적 원리입니다. 인간 사회는 생태계와 달리 법칙과 질서를 관리하는 전문가집단의 지적(知的) 통제가 있어야 한다는 점이 사뭇 다르지요. 우리는 선진화, 세계화, 개방화의 물결 속에서 적자생존의 원칙이 철저히 적용되는 무한경쟁시대에 살고 있습니다. 생존하기 위해서는 끊임없는 쇄신과 혁신이 요구됩니다.

지금은 어느 때보다 지도자들의 지혜와 국민의 단결이 요구되는 때입니다. 인간이 자연이라는 유기체의 일부인 만큼 자연이 우리에게 보여주는 법칙과 원리에 따라 순응하는 방향으로 나간다면 우리는 오늘의 어려움을 헤쳐갈 현명하고 선(善)한 방도를 터득할 수 있을 것이다.

자연은 결코 인간을 속이지 않습니다. 자연법칙에 대한 인간의 무지와 무시가 우리에게 재앙을 초래하는 것입니다.

20.3. 뉴턴(Isaac Newton, 1642-1726)에 대한 찬사와 겸손

영국시인 알렉산더 **포프**(Pope)는 "Nature and Nature's Laws lay hid in Night. God said, "Let Newton be!" and all was light"(**자연과 자연의 법칙은 어둠에 가려져 있었네. 신이 말하기를 "뉴턴이 있으라" 하니 모든 것이 광명이었네!**)라 뉴턴의 추모시에 썼습니다.

뉴턴은 **"제가 세상에 어떻게 비칠지 모르겠습니다만, 저는 단지 바닷가에서 뛰어놀면서, 평범해 보이지 않는 더 매끈한 조약돌이나 더 예쁜 조개껍질을 발견하려고 이리저리 다니면서 기뻐하는 작은 소년일 뿐입니다. 내 앞에 놓여 있는 거대한 진리의 바다는 발견되지 않는 채 있는데요"** (I do not know what I may appear to the world, but to myself I seem to have been only like a boy playing on the seashore, and diverting myself in now and then finding a smoother pebble or a prettier shell than ordinary, whilst the great ocean of truth lay all undiscovered before me)라며 겸손히 말했습니다.

Chapter 21

아인슈타인의 상대성원리

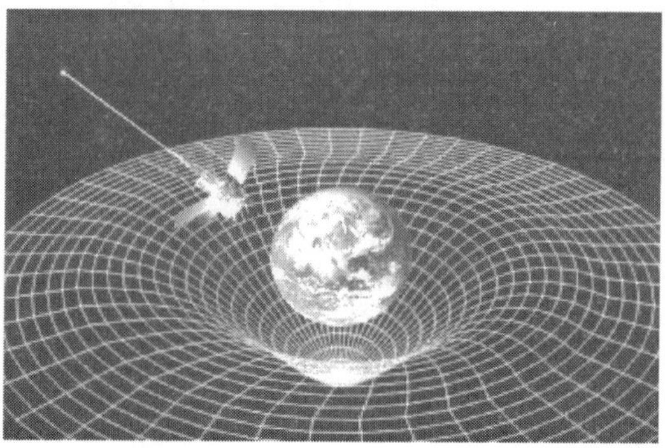

우주가 휘어졌다고 믿고, 휘어진 공간은 아인슈타인의 상대성이론을 이해하는데 도움이 됩니다.

21.1. 상대성이론(Theory of Relativity)

• **아인슈타인**(Albert Einstein, 1879-1955)의 **일반상대성이론**(general relativity)의 기본 내용을 쉽게 살펴봅시다. 빛은 언제나 공간에서

직선으로 나갑니다. 그렇다면 빛이 휘어진다는 것은 실제로 공간이 휘어져 있기 때문입니다. 이렇게 휘어진 공간에서 태양 주위를 지구가 돌고 다른 행성들도 도는 것입니다.

공간이 휘어진다는 것은 고무판 놀이기구 점핑보드를 연상하면 됩니다. 주변에 아무것도 없으면 공간이 반듯반듯하게 휘어지지 않은 채로 있어서 이때 빛은 직진을 하게 됩니다. 그러나 주변에 무거운 물체가 있으면 공간이 심하게 휘어져 있게 되고 그 휘어진 위를 직진한다는 것이 실제로는 꺾어지는 운동을 하는 것입니다. 실제로 일반상대성이론은 검증되었습니다. 1919년 5월 29일 일식 때 태양 빛을 달이 가려막기 때문에 주변의 별도 관측가능하고, 별에서 나온 빛은 태양을 스쳐 지나갈 때 태양의 중력의 영향으로 진로가 꺾어짐을 확인했습니다. 계산결과 태양 주변을 지나는 빛이 약 1.75초(1도의 3600분의 1) 꺾어진다는 것이 예측되었고, 측정결과 1.61±0.3이었습니다.

• 아인슈타인의 **일반상대성이론**은 **아인슈타인의 장 방정식**(Einstein field equations, EFE) : $G_{ij} + \Lambda g_{ij} = KT_{ij}$ 로 나타낼 수 있습니다. 여기서 G_{ij} 는 아인슈타인 곡률텐서, Λ는 천문학상수, K는 아인슈타인 중력상수, T_{ij} 는 스트레스 에너지 텐서입니다.

• 아인슈타인의 **특수상대성이론**(special relativity)의 기본내용은 움직이는 물체와 빛의 속도에 대한 이론으로 시간은 절대적이 아닌 상대적인 개념으로 이해합니다. 특수상대성이론에서는 어떤 일반적 속도 상수(광속)가 존재하므로, 이를 이용하여 질량과 에너지를 관계 지을 수 있는데 $E = mc^2$의 법칙, 즉 **물체가 가진 에너지(E)는**

물체의 질량(m)에 빛의 속도(c) 제곱 값을 곱한 것이다 라고 합니다.

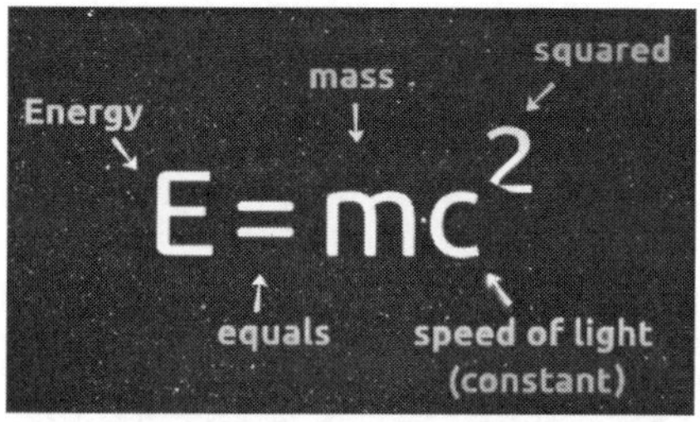

우리가 살고있는 세계는 3차원(3D)이라고 합니다. 하지만 아인슈타인은 시간이라는 개념을 3차원 공간에 합쳐 4차원 세계에 살고 있다고 했습니다. 이러한 4차원 공간을 시공간(Spacetime)이라고 정의합니다. 정지해 있는 사람과 빛의 속도로 움직이는 물체에 타 있는 사람이 어떤 한 움직임을 동시에 보았을 때, 동시에 일어난 사건인지 아닌지는 관측자의 운동상태에 따라 다릅니다. 두 사건의 시간 간격은 서로 다른 기준계에서는 서로 다를 수 있습니다. 특수상대성이론은 한마디로 말해 모든 관성계에서 같은 물리법칙이 성립하고 빛의 속도가 일정하기 위해서는 서로 다른 운동 상태에 있는 관측자가 측정한 물리량이 달라야 한다는 이론이라고 할 수 있습니다. 특수상대성이론에 의하면 속도가 빨라지면 질량이 증가해야 합니다. 따라서 물체에 가해준 에너지의 일부는 속도를 빠르게 하는데 사용되지만 일부는 질량을 증가시키는데 사용됩니다. 다시 말해 에너지가 질량으로 변환될 수 있다는 것입니다. 질량과 에너지 사이의 이런 관계를 나타내는 것이 우리가 잘 알고 있는 **$E=mc^2$**이라는 식입니다.

• 2005년은 아인슈타인(Albert Einstein, 1879~1955)의 위대한 업적들이 발표된 1905년을 기려 유엔이 정한 '세계 물리의 해'였습니다. 꼭 100년 전인 1905년, 스위스 베른에 위치한 연방특허청에서 3급 견습생으로 근무하던 26세의 무명과학자 아인슈타인은 현대 우리 생활의 차원을 완전히 바꾸어버릴 위대한 업적을 담은 3편의

논문을 발표했으니, '**특수상대성이론**', '**광양자 가설**', '**브라운 운동이론**'이 바로 그것입니다. 순수 과학이 '유엔의 해'의 주제로 선정된 것은 이례적인 일인데 그만큼 아인슈타인의 업적은 현대물리학은 물론이고 현대과학의 방향을 바꾸고도 남을 만큼 위대한 것이었습니다.

천재 물리학자 아인슈타인의 상대성 이론 발표 100년째/사망 50주년을 맞아 레이저로 4㎞ 간격 1만개 연결점 잇는'지구촌 빛의 축제'가 전세계에서 열렸습니다.

• 2005년에는 지구촌 곳곳에서 **아인슈타인 탄생 100주년**과 그의 업적을 기념하는 학술 및 전시 행사가 펼쳐졌습니다. 가장 눈에 띄는 기념행사는 '**지구촌 빛의 축제**'였습니다. 아인슈타인이 사망한 날인 4월 18일(한국은 4월 19일)에 미국 프린스턴 대학교에서 서쪽으로 처음 쏜 레이저 빛을 평균 4㎞마다 받아 다음 장소로 되쏘는 '빛의 릴레이'가 24시간 펼쳐졌습니다. 이를 위해 지구촌에는 '빛의 연결점'이 1만개나 세워졌습니다. 바다 구간은 광통신으로 연결되고 우리나라에서도 19일 밤 일본에서 날아온 빛을 부산에서 받아 서울까지 두 갈래 길로 10㎞ 간격의 중계지점들을 거쳐 1시간 동안 빛의 봉송행사를 치르며 빛은 다시 북한이나 중국으로 전해주었습니다. 이 빛은 지구의 자전과 똑같이 24시간에 지구를 한 바퀴 돌기 때문에 빛의 축제는 세계 모든 곳에서 현지시각으로 밤 8~9시에

치러졌고 국내에선 한강변에서 여러 레이저 빛을 허공에 쏘아 아인슈타인의 **'휘어진 우주 공간'** 개념을 형상화하는 축제가 추진되었지요.

• 절대공간과 절대시간의 기계적 세계관을 깨고 4차원(시간과 공간)에 **메트릭**(metric: Riemannian Geometry)을 도입해 상대성에 기반한 현대적 세계관을 일깨웠던 사람이 아인슈타인입니다. 세 살이 되어서야 말을 시작했다는 아인슈타인은 늘 조용하고 소극적인 성격이었지만 10세 때부터는 탁월한 수학적 재능을 보이기 시작하였습니다. 그는 선생님이 나침반이 가리키는 방향을 물었을 때 대답보다는 무슨 힘 때문에 나침반 바늘이 움직일까를 생각했다고 하니 기계적인 대답을 요하는 당시의 교실 분위기에서 어리숙하고 모자란 아이로 취급되는 게 어찌 보면 당연했습니다. 특출함을 인정받지 못한 채 취리히 공과대학을 졸업한 후 특허청에 취직한 아인슈타인은 그 곳에 근무하면서 취리히 대학에서 박사학위를 받았습니다.

늘 깊은 생각을 많이 했던 그의 창의력은 그가 특허청에 근무할 시기에 폭발했고, 대부분의 주요 연구도 특허청에 근무하면서 이루어냈습니다. 그의 주요 산물이 6편의 논문인데 5편이 1905년에 발표되었습니다. 그는 훗날 특허청 의자에 앉아있는데 **"사람이 자유낙하를 하면 자신의 몸무게를 못 느낄 것이라는 생각이 들었다"**고 회고했습니다. 아인슈타인은 특허청에 근무하면서 생각이 번득일 때마다 상관 몰래 연구 노트를 작성했다고 합니다.

21.2. 아인슈타인의 영향

이 생각은 훗날 새로운 중력이론과 새로운 우주론의 씨앗이 되었습니다. 아무튼 늘 다른 생각에 몰두해 있던 아인슈타인을 곱게 보지 않았던 특허청장은 1907년 그가 사표를 제출하며 대학교수로 가게 되었다고 하자 농담으로 받아들였고 크게 섭섭해 하지도 않았다 합니다.

아인슈타인은 박사학위를 헌정한 수학자 친구 **그로스만**의 도움으로 그의 연구에 필요한 **리만기하학**을 공부했습니다. 그 후 1912년 동료 물리학자인 조머펠트에게 **"내 일생에서 이렇게 열심히 공부한 적은 없다. 나는 수학을 매우 존경하게 되었다. 이 문제와 비교하면 나의 원래 이론(특수상대성 이론)은 아이들 장난이다."**라고 했다 합니다.

수학과 물리학은 상관성이 많습니다. 물리학 전공서적을 보면 수학책을 방불케 하는 수식으로 가득 차 있습니다. 그도 그럴 것이 위대한 물리학자인 뉴턴, 디락, 포앙카레, 아인슈타인, 파이만, 위튼 등은 원래 위대한 수학자입니다. 또한 미국, 영국, 러시아 등 학문의 선진국에서 수학자와 물리학자의 공동연구는 활발합니다.

• 우리나라에서도 최근 수학과 물리학의 공동연구의 싹이 트고 있습니다. 생활 속에서 아인슈타인의 업적을 찾아봅시다. **레이저**(laser)가 그 한 예입니다. 눈에 잘 띄지 않지만 요즘 레이저는 쓰이지 않는 곳이 거의 없습니다. 대형 슈퍼마켓에서 물건을 계산할 때 바코드를 읽는 장치도 레이저를 사용하고 있고, 텔레비전 리모컨, 빔프로젝터, 프레젠테이션 포인터 등뿐만 아니라 음악을 들을 수 있는 CD와 영화가 저장된 DVD 등도 모두 레이저를 이용해 정보를 읽습니다. 이밖에도 측량을 할 때는 레이저의 직진성을 이용해 직선을 긋거나 거리를 재고 또 라식 수술이나 점 빼기, 주름살 제

거, 쌍꺼풀, 다양한 의료 수술 등도 레이저로 합니다.

• 우리 생활 주변에 아인슈타인이 밝힌 원리가 쓰이고 있는 것은 이뿐만이 아닙니다. 자동차 운전자들을 겁먹게 하는 **음주측정기**에는 아인슈타인에게 노벨상을 안겨준 광양자 가설의 원리가 담겨 있습니다. 음주측정기에 들어있는 가스가 알코올과 만나면 푸른 가스로 변하는데 푸른 가스에 든 빛의 알갱이(광양자)는 에너지가 높아, 금속에 쬐면 금속 내의 전자가 튀어나오게 되고 이 전기신호를 측정하면 혈중 알코올 농도를 잴 수 있습니다.

• 아인슈타인이 광양자 가설로 풀리지 않던 **광전 효과**(Photoelectric Effect)의 원리를 설명해냄으로써, 수많은 발명품들이 태어났습니다. 텔레비전, 태양전지, 도난경보기, 자동문 등은 빛이 전기로 전환되는 광전효과를 이용한 것이며 디지털 카메라도 이 광전효과를 이용해 만들어졌습니다. 디지털 카메라 안에 든 네모난 판처럼 생긴 **Charge-Coupled Device**(CCD, 전하결합소자)라는 부품은 빛을 전기신호로 바꾸는 장치입니다. 광센서가 빛 알갱이를 전자, 즉 전기신호로 바꾼 정보를 모아 CCD는 사진 파일을 만듭니다. CCD는 디지털 카메라 외에도 **CCTV**(closed-circuit television, 폐쇄회로 TV) 카메라, 지문 및 얼굴인식장치 등 다양한 곳에 사용되고 있습니다.

• 한편 요즘 자동차에 흔히 장착하는 **GPS**(Global Positioning Satellite)에는 상대성이론이 숨어 있습니다. 일반상대성이론에 의해 지상과 위성의 중력 차이에 따른 시간 보정이 없었더라면 GPS는 이미 무용지물이 되었을 것이라고 합니다. 지구의 곡률(curvature)때문에 생기는 효과는 아주 미세해서 최근에 이르러서야 응용될 수 있

게 되었습니다. 아인슈타인은 개기일식을 이용하여 중력에 의해서 빛이 휘는 것을 측정하고, 얼마나 휘는가를 측정하고자 했습니다.

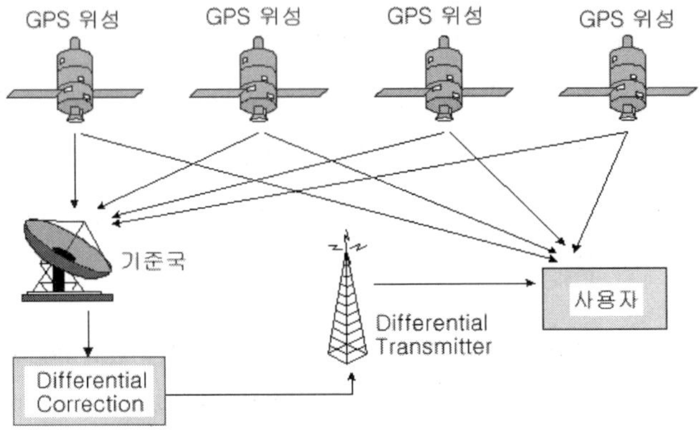

4개의 위성에 의한 위치측정(DGPS)

> **GPS 위성**은 지구의 표면에서 약 20, 000km의 원궤도를 선회하고 있습니다. 정확한 측위를 하려면 4개의 위성으로부터 전파를 수신할 필요가 있습니다. 이것을 3차원 측위라 부르며 항상 안테나를 지구로 향하여 전파를 발사하도록 자세를 제어하고 있습니다. GPS에 의한 위치측정은 위성으로부터 발사되는 전파의 지연시간을 계측하고 궤도로부터의 거리에서 현재의 위치를 구하는 방법입니다(위키이미지).

지구 표면의 2만km 상공에서 시속 1만4천km의 속도로 도는 24개의 위성으로부터 정보를 받는 GPS가 정확성을 유지하기 위해서는 지상과 위성의 시간이 정확하게 맞아야 합니다. 빠르게 이동하는 물체에서는 상대적으로 시간이 느려지지만, 중력이 약한 곳에서는 시간이 빨리 가므로 위성의 원자시계는 지표면보다 하루에 38ms(1ms=1/1000초)씩 빨리 가게 됩니다. 이와 같은 상대성원리를 이용해 GPS 위성은 매일 그 시간만큼의 오차를 보정함으로써 지상에서의 위치를 정확하게 추적할 수 있는 것입니다. 아인슈타인은 자신의 혁명적 업적에 관해서 **"지구의 표면을 기어가는 눈먼 딱정벌레는 자신이 지나온 경로가 휘어 있다는 것을 알지 못한다. 나는 단지 그것을 발견한 행운을 가졌다**"라며 겸손해 했습니다.

Chapter 22

학문 속의 수학

나일 강가에서 문명을 꽃피운 이집트나 **메소포타미아** 지역에서의 수학은 측량과 계산이라는 현실적 생활수단으로 시작되었지만, 그리스로 전해져서는 인간의 논리적 사고 체계를 정교히 하고 이성을 드높이는 보편적 소양으로 숭상되었습니다. 이러한 이성을 중시한 그리스의 **헬레니즘**(Hellenism)적 사고는 서양문명의 핵심으로 자리 잡혔고, 수학(그리스시대의 기하학)의 논리성과 합리성은 최근에는 산업에서의 역할론 증대로 관심을 끌고 있습니다.

22.1. 기본학문으로서 수학

수학은 기초과학뿐만 아니라 과학기술의 언어요 논리입니다. 더욱이 수학은 과학기술뿐만 아니라 국가안보, 의료보건, 컴퓨터, 소프트웨어, 통신, 금융, 투자 등에서 **6T**〈정보기술 IT(Information Technology), 생명공학기술 BT(Biology Technology), 나노기술 NT(Nano

Technology), 환경공학기술 ET(Environment Technology), 우주항공기술 ST(Space Technology), 문화콘텐츠기술 CT(Culture Technology))에 이르기까지 응용범위가 크게 확대되고 있으며, 선진국에서는 수학전문가의 수요가 각 분야에서 증가하고 있습니다.

전통적으로 상아탑 속의 학문으로 평가 받았던 수학은 20세기 말부터 정보통신과 생명과학의 혁명과 우주 국방군사시설의 첨단화, 그리고 금융시장의 확대와 더불어 거의 모든 과학기술과 산업응용분야에서 중추적인 역할을 하는 학문으로 새롭게 자각되고 응용되기 시작했습니다.

• 수학의 중요성과 응용성을 가장 먼저 파악하여 이를 적극적으로 지원하고, 각 첨단 과학기술혁명분야에 적극적으로 참여시킨 나라가 미국입니다. 미국이 세계의 강대국으로 지속적으로 군림하는 데는 수학을 비롯한 **기초과학**을 확실히 지원하고 장려하여 첨단과학기술개발에 필요한 튼튼한 토대와 인력을 확실하게 자체보유하고 있기 때문입니다. 미국 과학재단은 2009년도에도 다른 분야에 대한 연구지원액을 동결하였지만 유독 수학분야에만은 16.5% 증액하였고, 기존의 프린스턴, 버클리, 그리고 미네소타대학의 수학연구소 이외에도 2000년 이후에만도 국립수리과학연구소를 4개나 신설하였습니다. 왜 그럴까요? 대답은 간단합니다. 꼭 필요해서 입니다.

• 첨단 **정보통신분야**(information technology)로 불리는 전자상거래, 전자화폐, 전자투표, 그리고 새로운 통신망구축에도 암호수학 이론이 꼭 필요하며, 첨단 무기개발과 경제금융 공학분야의 새로운

모델링 개발에도 기하학과 수치해석학, 확률통계론 등의 첨단수학 이론 없이는 불가능하기 때문입니다.

• 그리고 **나노기술**(nano technology), **생명공학**(bio technology), 의학에 있어서의 복잡한 현상들의 모델을 찾고, 엄청난 양의 데이터를 분석하는 알고리즘을 찾아내는 등 첨단 과학 기술 연구에 고등수학의 이론이 꼭 필요합니다.

따라서 미국, 독일, 프랑스, 일본 등 선진국에서는 20세기 이후 여러 첨단산업에서 폭증하는 수리과학의 필요성에 부응하여 순수 수학위주의 "**상아탑 수학**"에서 "**첨단과학기술**"을 연구하고 다른 학제 간에 연계성에 초점을 맞춘 새로운 교량 형태의 연구가 진행되고 있습니다.

• 수학은 당장 1-2년에 돈을 벌 수 있는 투자가 아니며, 과학기술의 근간을 튼튼히 하는 기초과학이기 때문에 정부가 지원해야 하며, 장기적으로 볼 때 가장 적은 비용으로 최대 효과를 낳을 수 있는 기초과학 중의 핵심이요 미래의 지식기반 사회에서 우리나라 국력을 총체적으로 강화시키는 핵심 원동력이 되는 필수분야임을 재삼 강조합니다. 다음은 수학이 각 분야에서 활용될 수 있는 첨단과학기술 분야를 간략히 소개합니다.

22.2. 수학분야별 활용분야

- **해석학(Analysis)**

〈IT, NT, ST 분야〉

· 정보통신분야 : 영상신호처리, 데이터 수신에 조화해석학은 시스템을 수학적으로 모델링하여 통신서비스의 품질을 향상시킨다.

· 나노기술연구는 물리학, 화학, 공학뿐만 아니라 수학적이론이 함께 하면서 보다 연구가 다양해진다. 특히 양자역학, 계산수학과 수치해석학이 나노기술연구에 필수적이다.

· 의료 단층촬영, MRI 촬영에 응용된다.

· 우주 탑재체, 우주장비개발, 인공위성제작 등의 기술에 기계공학, 전자공학, 정보통신분야와 더불어 수치해석학 분야도 모형을 예측하고 계산하는데 고등수학적 이론이 관련되어 있다. 고속의 컴퓨터 개발에 수치해석학분야가 특히 대표적인 방법론으로 중요시 되고 있다.

· 지문데이터베이스 압축프로그램개발에 함수해석학이 쓰인다. 그리고 그래픽과 동영상 분야개발에도 통신수학이론이 깊이 관여되어 있다.

• **대수학**(Algebra)

〈IT, BT 분야〉

· 암호관련보안기술의 핵심에 수학의 정수론이 있다. 정보 보호 문제는 앞으로 깊이 연구확대할 분야로 정수론과 기하학, 위상수학 등의 고도의 순수수학이 전자상거래, 전자화폐, 전자선거 등의 확대에 크게 활용된다.

· 정보생물학분야와 대용량의 테이터처리분야 에 대수학의 조합론이 쓰인다.

• **미분기하학**(Differential Geometry)

〈**컴퓨터 동영상** 및 **로보틱스** 분야〉

· 컴퓨터 디자인과 그래픽, 동영상 자료처리 등에 기하학적 기술언어가 많이 쓰인다.

· 컴퓨터 에니메이션, 로보틱스 분야에 활용된다.

• **위상수학**(Topology)

〈IT, BT 분야〉

· 순수수학의 영역이면서 기하학, 대수학, 매듭이론 등의 분야를 총망라하여 연구하는 분야로 최근에 들어 암호문제, DNA, 산업적인 문제들을 푸는 근본적인 아이디어가 위상수학적 접근에서 많이 풀리고 있다.

- **수학일반과 첨단기술과의 관련성**

〈IT, CT, ST, BT, NT, ET; 6T 전분야〉

· 컴퓨터 개발의 핵심분야이다. 특히 컴퓨터그래픽과 기하적 설계가 많이 쓰이는 에니메이션 등 영상산업의 경쟁력확보에 미분기하, 대수기하, 수치해석, 편미분방정식, 상미분방정식 등 고도의 고등수학이 필수적이다.

· 금융수학은 과거 20년간 본격적으로 발전하고 응용된 분야로 재무적 리스크 관리, 채권가치평가, 금융파생상품개발, 증권분석 등 고난도의 금융분야에서 필수적으로 응용되는 수학, 금융수학에 쓰이는 확률론의 핵심은 편미분방정식이다.

· 암호론은 국방, 통신, 전자상거래 등 21세기 통신분야의 핵심기술로 수학의 정수론, 복소함수론, 대수기하학 등 고도의 순수수학이 요구되는 분야이다.

· 초고속 과학계산은 거의 모든 첨단분야에서 필요한 부분이다. 정보보호, 금융과 보험수학, 신호처리, 통신수학, 영상신호처리, 생명정보수학, 계산수학, 양자계산, 그래픽영상처리 분야 모두 대규모의 빠른 수학계산에 의존한다. 여기에는 수치해석, 미분방정식, 정수론 등 수학의 거의 모든 분야가 관련된다.

· 앞으로 항공기설계, 반도체칩 설계, 암호해독 등 무궁무진한 응용분야가 더 있다.

역으로 첨단산업 분야에도 수학의 여러 분야가 필요할 것입니다. 몇 가지 대표적인 것을 소개하겠습니다.

22.3. 첨단산업에 필요한 수학분야

- **암호론과 정보통신**

국방, 통신, 전자상거래 등 21세기 통상분야에서 필수불가결한 분야로 정수론, 대수학, 복소함수론, 대수기학학 등 고도의 순수수학이 요구된다.

- **금융수학과 보험수학**

오늘날의 새로운 금융과 보험기법은 확률론, 통계, 수치해석, 최적화이론, 제어이론, 편미분방정식, 역학계이론 등 고도의 수학에 의존한다.

- **컴퓨터 그래픽과 기하적 설계**

만화 등의 영상산업 경쟁력 확보의 원천이 될 알고리즘의 개발에는 미분기하, 대수기하, 수치해석, 편미분방정식, 상미분방정식 등 고도의 수학이 필수적이다.

- **초고속 과학계산**

암호, 금융, 양자계산(quantum computation)그래픽, 동영상분야 모두 빠른 수학계산에 의존하며, 수치해석, 미분방정식, 정수론 등의 고급수학이 필수적이다.

• **환경공학**(Environment Technology)

유전자연구의 핵심인 생명정보학은 생명과학과 수학의 결합으로 접근이 가능하다.

• **나노공학**(Nano Technology)

극한의 개념에서 출발한 나노기술에서는 양자역학을 이용한 새로운 수학적모델, 각 수학의 이론없이 원천적으로 기술개발이 불가능하다.

• **4차산업혁명** 시대에 수학자에 대한 미래의 수요는 더욱 급증 추세입니다. 수학이 산업기술에 직접 활용되고 수학 기반의 원천기술을 보유한 기업이 세계를 선도할 것으로 예측합니다. 어려운 기술 및 과학분야가 수학의 응용과 융합으로 해결이 가능한 분야가 찾으면 얼마든지 많을 것으로 봅니다. 앞으로 '**수학자 전성시대**'를 대비하여 수학에 더욱 관심을 가져봅시다.

Chapter 23

수학 관련 전공자의 진로

수학은 가장 오래되고 기본적인 학문 중 하나로 연산구조가 정의된 수의 집합이나 함수, 그리고 공간에 대하여 공부하는 학문입니다. 수학자는 수학을 주로 연구하고 발전시켜 나가는 사람을 말합니다. 수학을 공부하는 사람들은 수학의 중요성을 더욱 깨닫고 더욱 소중히 생각하는 것 같습니다.

23.1. 수학 관련 학문

수학의 어원을 생각해봅시다. **수학**(Mathematics)이란 단어는 그리스어의 mathematikos에서 유래하였으며 그것은 다시 mathesis에서 유래하였습니다. Mathesis는 **'정신 수양'** 또는 **'배움'**을 뜻합니다. **플라톤**은 math를 배우지 않은 이는 교육받은 이라고 볼 수 없다고 말했습니다. 현대의 수학자는 수학적 이론, 계산적 기술, 알고리즘, 그리고 고도의 컴퓨터 지식을 이용하여 경제, 과학, 공학,

물리, 금융, 우주항공, 의학 그리고 비즈니스상의 문제를 해결합니다.

수학은 그 분야의 성격에 따라 크게 **순수수학**(pure mathematics)과 **응용수학**(applied mathematics) 두 분야로 나눌 수 있습니다. 이 두 분야는 정확히 구분되지 않으며 서로 겹치는 부분도 많지만 구태여 설명하자면 다음과 같습니다.

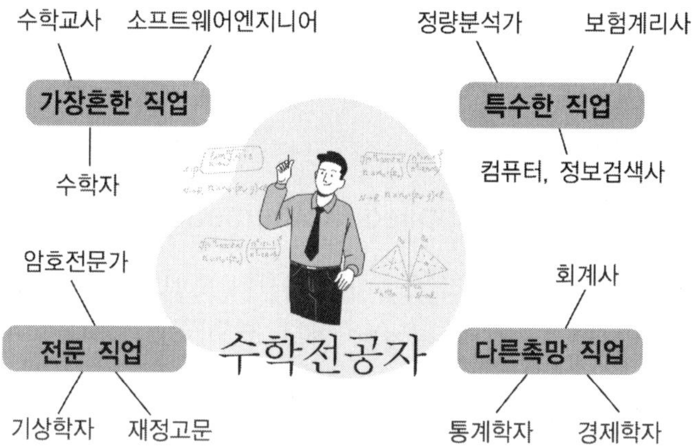

대표적인 수학전공자의 12타입 장래 직업. 수학 전공은 특히 금융 및 컴퓨터 과학 분야에서 다양한 분야에서 유익하고 높은 급여를 받는 취업으로 이어질 수 있는 매우 유용한 학위입니다. 많은 수학 전공자들이 경제학자, 보험계리사 또는 다양한 종류의 데이터 분석가로서 민간 기업에서 일하게 되지만 정부와 교육 분야에서도 많은 기회가 있습니다. 어려운 학위이지만 숫자를 사랑하는 사람들에게는 이상적인 경력 경로가 될 수 있습니다.

• **순수수학자**들은 새로운 수학 이론을 정립하고, 기존의 수학 이론들 간의 알려지지 않은 상관관계를 찾아내는 일을 통해 순수한 수학적 지식의 진보를 추구합니다. 이러한 분야의 수학자들은 실용

적인 활용성에 대한 관심보다는 수학의 근본적 지식을 증가시키는 일에 몰두하지만, 사실 이러한 순수하고 관념적인 지식이 많은 과학이나 공학적 성취의 근간이 되고 기본 배경이 되고 있습니다. 많은 순수수학자들은 대학 교수로 취업을 한 뒤 가르치는 일과 연구하는 일에 몰두합니다.

• 주요 **순수수학 분야**는 기하학, 위상수학, 대수학, 함수, 좌표기하, 수열과 급수, 삼각함수, 지수와 대수, 미분 적분, 수치적 방법, 벡터 등 입니다.

23.2. 응용수학(Applied Mathematics)분야

응용수학자들은 수학적 모델이나 계산적 모델과 같은 이론과 테크닉을 접목하여 비즈니스, 정부, 공학, 물리, 일상생활, 그리고 사회과학 분야 등에서 실제적 문제를 해결하거나 또 다른 문제를 제기합니다.

예를 들면, 비행기가 비행 루트를 지정할 때 가장 효율적인 스케줄을 계산해낸다든지, 새로이 개발된 약품의 영향과 안전, 새로 개발하는 자동차의 기체 역학적 성질, 혹은 생산과정의 효율적 대안 문제 등을 분석합니다.

• 산업체의 연구소나 개발팀에서 일하는 응용수학자들은 어려운 문제를 풀면서 수학적 방법을 개발하거나 증강하기도 합니다. 또, 암호해독자라 불리는 어떤 수학자들은 군사, 정치, 금융, 혹은 경찰업무에 관련된 암호 시스템을 디자인하거나 암호를 분석하기도

합니다. 따라서 논리성, 집중력, 의사소통능력은 기본으로 요구됩니다.

• 응용수학자들은 실제적 문제를 가지고 출발하여 관련된 여러 요소들을 분석한 다음 수학적 변수로 축소합니다. 그들은 변수 사이의 상관관계를 분석할 때 컴퓨터를 곧잘 사용하고, 대안을 가진 새로운 모델을 개발함으로써 복잡한 문제를 해결하기도 합니다. 그렇지만 수학이라는 학문이 다른 많은 학문의 기초학문이다 보니 응용수학의 대부분의 일은 비수학자들에 의해 이뤄집니다. 예를 들어 엔지니어, 컴퓨터 공학자, 물리학자, 경제학자들은 수학을 상당히 많이 사용합니다. 통계학자, 보험 계리사, 작업분석가 등은 실제로 수학의 특정한 분야에서 종사하는 전문가 군입니다.

23.3. 수학자가 되기 위한 요건

수학자가 되기 위해서는 논리적이어야 하고, 기본적 원칙을 가지고 기술적 문제들을 끄집어 내야 하기 때문에 문제를 파고 드는데 익숙하고 고도의 집중력이 요구됩니다. 또, 문제를 해결하기 위해서 다른 사람들과 많은 대화를 필요로 하기 때문에 분명한 의사소통능력은 무엇보다 중요합니다. 수학을 전공으로 하면서 컴퓨터공학에 대한 지식이 많으면 많을수록 직업인으로서의 수학자가 되는데 크게 도움이 됩니다. 그리고, 박사학위는 전문적인 수학자가 되기 위한 최소한의 요건이라 할 수 있습니다.

누가 **수학자**(mathematician)는 어떤 사람들입니까? 라고 질문한다면 대답이 쉽지 않을 것입니다. 가끔 특이한 사람들로 그려지곤 하지만, 모든 집단이 그렇듯 수학자도 사람에 따라 다양합니다. 수학적으로 현실을 바라본다는 것은 직관적으로 보이지 않는 배경을 생각한다는 뜻입니다. 어떤 현상을 이해하기 위해 극단적인 결론을 생각하는 습관을 반복하다 보면, 살면서 그런 측면이 강하게 드러나기도 하며, 증명이 될 때까지 결론을 유보하는 습관이 생기기도 합니다. 따라서 수학자가 어떤 주장을 강하게 하는 것에는 어려움이 생깁니다. 의견을 갖기는 쉽지만, 의견을 증명까지 보태어 설명하기는 쉽지 않기 때문이지요. 그래서 일상생활에서는 말수가 적고 생각만 많이 하는 사람으로 비칠 수 있습니다.수학의 학문적 성격이 사람의 성품에 영향을 미치는 케이스입니다. 한마디로 말하면 **"우리 모두는 수학자입니다."**

수학을 전공하다 보면 일부러 이런 경우, 저런 경우를 인위적으로 극단까지 가정하여 사고할 필요성이 많은데 이점이 수학적 사고의 강점이고, 과학적 사고의 중요한 출발점이라고 할 수 있습니다. 이러한 사고를 즐기는 사람은 남녀를 불문하고 반드시 수학자로서 크게 성공할 것이라 생각합니다.

수학 명언속담

▸ 기하학을 모르는 자는 이 문안으로 들어오지 말라(Let no one ignorant of geometry enter).

✏ **플라톤** (Plato, 약BC 428–348, 그리스의 철학자, 사상가)

▸ 기하학에는 왕도가 없다(There is no Royal Road to Geometry).

✏ **유클리드** (Euclid of Alexandria, B.C.325?–B.C.265?)

▸ 수학적 지식이 없이는 이 세상의 물건들이 만들어지지 못했을 것이다(For the things of this world cannot be made known without a knowledge of mathematics).

✏ **로저 베이컨** (Roger Bacon, 1220–1292, 영국의 철학자 · 자연과학자)

▸ 수학은 과학의 열쇠이자 문입니다(Mathematics is the key and door to the sciences).

✏ **갈릴레오 갈릴레이** (Galileo Galilei, 1564–1642, 이탈리아의 수학자, 철학자, 천문학자).

▸ 의미가 최대 혹은 최소가 아닌 일은 이 세상에서 일어나지 않습니다(Nothing takes place in the world whose meaning is not that of some maximum or minimum).

✏ **오일러** (Leonhard Euler, 1707–1783, 스위스 수학자)

▸ 모든 자연 현상은 그저 적은 수의 불변하는 법칙에서 나온 수학적인 결

과일 뿐이다(All the effects of Nature are only the mathematical consequences of a small number of immutable laws).

✐ 라플라스(Pierre-Simon Laplace, 1749-1827, 프랑스 수학자)

▸ 수학에 어려움을 겪는 그대들은 걱정하지 마시오. 내가 겪는 어려움이 그대보다 훨씬 더 클 것이오(Do not worry too much about your difficulties in mathematics, I can assure you that mine are still greater).

✐ 아인슈타인 (Albert Einstein, 1879-1955, 미국)

▸ 수학은 사랑과 같아서 단순한 아이디어가 곧잘 복잡해진다(Math is like love – a simple idea but it can get complicated).

✐ 아인슈타인 (Albert Einstein, 1879-1955, 미국)

▸ 실수를 한 적이 없는 사람은 새로운 것을 시도하지 않았습니다(A person who never made a mistake never tried anything new).

✐ 아인슈타인 (Albert Einstein, 1879-1955, 미국)

▸ 눈먼 딱정벌레가 지구 표면을 기어갈 때 자신이 지나온 궤도가 구부러져 있다는 사실을 알아차리지 못합니다. 나는 단지 그것을 발견하는 행운을 가졌습니다(You see, when a blind beetle crawls over the surface of a globe he doesn't notice that the track he has covered is curved. I was lucky enough to have spotted it).

✐ 아인슈타인 (Albert Einstein, 1879-1955, 미국)

▸ 수학은 과학의 여왕이요, 정수론은 수학의 여왕이다(Mathematics is the queen of science, and arithmetic the queen of mathematics).

✐ 가우스 (Carl Friedrich Gauss, 1777-1855, 독일수학자)

▸ 수학자는 프랑스인과 같아서, 남이 무슨 말을 하건 자기 나름의 언어로 번역하는데, 그 즉시 완전히 다른 의미가 되어 버린다 (Mathematicians are like Frenchmen: whatever you say to them they translate into their own language and forthwith it is something entirely different).

✐ 괴테 (Johann Wolfgang von Goethe, 1749–1832, 독일 문호)

▸ 신은 만물을 수로써, 즉 무게와 크기로써 만들었다. 진리는 사물의 복잡성과 혼동이 아니라 단순함에서 발견됐다(God made all things by number, namely by weight and size. The truth is not in complexity or confusion, it can always be found in simplicity).

✐ 아이작 뉴턴 (Sir Isaac Newton, 1643–1727, 영국의 수학자 물리학자)

▸ 제가 세상에 어떻게 보일지 모르겠지만, 저는 단지 해변에서 놀고 있는 소년 과도 같았고, 평범해 보이지 않은 더 매끈한 조약돌이나 더 예쁜 조개를 발견하려고 이리저리 다니면서 기뻐한 것 같았습니다. 제 앞에 거대한 진리의 바다는 발견되지 않은 채 있는데요(I do not know what I may appear to the world, but to myself I seem to have been only like a boy playing on the seashore, and diverting myself in now and then finding a smoother pebble or a prettier shell than ordinary, whilst the great ocean of truth lay all undiscovered before me).

✐ 아이작 뉴턴 (Sir Isaac Newton, 1643–1727, 영국의 수학자 물리학자)

▸ 완전수는 완전한 사람만큼이나 매우 드물다(Perfect numbers like perfect men are very rare).

✐ 데카르트 (Rene Descartes, 1596–1650 프랑스 수학자)

▸ 시인 기질을 갖추지 못한 수학자는 결코 완벽한 수학자가 못 된다는 것이 진실이다(A mathematician who is not also something of a poet will never be a complete mathematician).

✐ 바이어슈트라스 (Karl Weierstrass, 1815–1897, 독일 수학자)

▸ 수학은 인종이나 지리적 경계도 모르기에, 수학에 있어서 문화를 지닌 세계는 모두 한 나라다(Mathematics knows no races or geographical boundaries; for mathematics, the cultural world is one country).

✐ 힐버트 (David Hilbert, 1862–1943, 독일 수학자)

▸ 과학에 있어서는 증명할 수 있는 것이 증명 없이 믿어져서는 안된다(That which is provable, ought not to be believed in science without proof).

✐ 데데킨트 (Richard Dedekind, 1831–1916, 독일 수학자)

▸ 수학의 본질은 그 자유로움에 있다(The essence of mathematics is in its freedom).

✐ 게오르크 칸토어 (Georg Cantor, 1845 - 1918 러시아태생 독일 수학자)

▸ 인간은 자연에서, 그것도 가장 약한 갈대에 불과하다. 그러나 생각하는 갈대다(Man is but a reed, the most feeble thing in nature; but he is a thinking reed).

✐ 파스칼 (Blaise Pascal, 1623–1662, 프랑스의 수학자 겸 심리학자, 작가, 철학자)

▸ 수학자들은 사물을 다루는 것이 아니라 사물 간의 관계를 다룬다 (Mathematicians do not study objects, but relations between objects).

✐ **포앙케레** (Jules Henri Poincare, 1854–1912, 프랑스 수학자)

▸ 무한 이외에 다른 어떤 물음도 인간의 정신을 그렇게 심오하게 움직인 질문은 없습니다. 그의 지성을 그토록 유익하게 자극한 아이디어는 없습니다. 그러나 무한의 개념보다 더 명확하게 필요한 개념은 없습니다(No other question has ever moved so profoundly the spirit of man; no other idea has so fruitfully stimulated his intellect; yet no other concept stands in greater need of clarification than that of the infinite).

✐ **힐버트** (David Hilbert, 1862–1943, 독일 수학자)

▸ 왜 수는 아름다운가? 이것은 왜 베토벤 9번 교향곡이 아름다운지 묻는 것과 같다. 당신이 이유를 알 수 없다면, 남들도 말해줄 수 없다. 나는 그저 수가 아름답다는 것을 안다. 그게 아름답지 않다면, 아름다운 것은 세상에 없다(When asked why are numbers beautiful? It's like asking why is Ludwig van Beethoven's Ninth Symphony beautiful. If you don't see why, someone can't tell you. I know numbers are beautiful. If they aren't beautiful, nothing is).

✐ **폴 에르되시** (Paul Erdös, 1913–1996, 헝가리 수학자)

▸ 인생의 목적은 증명하고 추측하는 것이다(The purpose of life is to prove and to conjecture).

✐ **폴 에르되시** (Paul Erdös, 1913–1996, 헝가리 수학자)

▸ 무덤에서 쉴 시간이 많을거야(There'll be plenty of time to rest in the grave).

✐ **폴 에르되시** (Paul Erdös, 1913–1996, 헝가리 수학자)

▸ 천재는 영감으로 되는 게 아닙니다. 영감은 땀입니다. 천재는 1 %의 영감과 99 %의 땀입니다(Genius is not inspired. Inspiration is perspiration. Genius is one percent inspiration and ninety-nine percent perspiration).

✎ **에디슨** (Thomas Edison, 1847–1931, 미국 발명가)

▸ 수학을 배우는 유일한 방법은 수학을 하는 것입니다(The only way to learn mathematics is to do mathematics).

✎ **할모스** (Paul Richard Halmos, 1916~2006, 헝가리 수학자)

▸ 우리는 짧은 앞만 볼 수 있지만, 그곳에 해야 할 일은 얼마든지 많이 있습니다(We can only see a short distance ahead, but we can see plenty there that needs to be done).

✎ **튜링** (Alan Mathison Turing, 1912–1954, 영국의 수학자, 암호학자)

▸ 우리 학교에서 가장 똑똑한 소년은 수학과 물리학을, 덜 똑똑한 소년은 물리학과 화학을, 가장 똑똑치 못한 소년은 생물학을 공부했습니다. 나는 수학과 물리학을 하고 싶었지만, 아버지는 화학을 공부하라 했습니다. 왜냐하면 수학자에게 직업이 없을 것이라고 생각했기 때문입니다(In my school, the brightest boys did math and physics, the less bright did physics and chemistry, and the least bright did biology. I wanted to do math and physics, but my father made me do chemistry because he thought there would be no jobs for mathematicians).

✎ **스티븐 호킹** (Stephen William Hawking, 1942–2018, 영국의 이론물리학자)

수학에 대한 조크

- 수학자와 그의 가장 친한 친구인 엔지니어는 〈13차원 공간에서 기하학〉에 대한 공개강의에 함께 참석합니다. "너는 어땠어?" 수학자가 강의를 마친 후에 알고 싶어 합니다. 엔지니어는"머리가 빙글빙글 돌고 있어…"라고 고백합니다. "13차원 공간에 대한 직관을 어떻게 개발할 수 있지?" 수학자는 "글쎄, 어렵지도 않다. 내가 하는 일은 임의의 n차원 공간에서 상황을 시각화한 다음 n = 13으로 설정하는 것뿐이야."

- "파이(Pi)가 뭐야?"

  수학자: "파이는 원의 둘레에 대한 지름의 비율입니다."

  컴퓨터 프로그래머: "Pi는 배정밀도로 3.141592653589입니다."

  물리학자: "Pi는 3.14159 플러스 마이너스 0.000005입니다."

  엔지니어: "Pi는 약 22/7입니다."

  영양사: "파이는 건강하고 맛있는 디저트입니다!"

- 한 텍사스인이 수학자에게 묻는다. "수학을 도대체 어디에 써먹죠?" 수학자가 대답한다. "고민되는 문제로군요. 이건 마치 당신이 어떤 사람에게 처음으로 그랜드 캐니언을 구경시켜 주는 것과도 같습니다. 그가 당신에게 묻습니다. '그래서 이걸 어디에 써먹죠?' 글쎄요, 아마도 당신은 절벽 아래로 그를 차 버리지 않을까요?"

- 수학자, 물리학자, 공학자가 스코틀랜드에서 기차 여행을 하던 도

중 창 밖에 검은 양이 한쪽을 보이며 서 있는 것을 발견한다. "와" 공학자가 말한다. "스코틀랜드의 양들은 검정색이구나." "아냐" 물리학자가 말한다. "어떤 스코틀랜드의 양은 검정색이라고 말해야지." "아냐, 아냐" 수학자가 말한다. "스코틀랜드에는 적어도 한 면이 검정색인 양이 적어도 한 마리 있다-이렇게 말해야지."

- 물리학자가 도움을 청하는 존재는 수학자밖에 없고, 수학자가 도움을 청하는 존재는 신밖에 없다(Mathematicians are the only ones physicists ask for help, and only God is the ones mathematicians ask for help).
- 수학자는 증명되기 전까지는 아무것도 믿지 않는다(A mathematician belives nothing until it is proven).
- 수학은 어려운 개념을 쉬운 말로 표현하는 과학이다(Mathematics is the science which uses easy words for hard ideas).
- 신은 자신이 수학자라고 생각한다(God thinks he is a Mathematician).

찾아보기

ㄱ.

ㄴ.

ㄷ.

ㄹ.

ㅁ.

ㅂ.

ㅅ.

ㅇ.

ㅈ.

ㅊ.

ㅋ.

ㅌ.